家庭手作比萨全书

金一鸣◎著　王正毅◎摄影

北京科学技术出版社

著作权合同登记号　图字：01-2017-7461

图书在版编目（CIP）数据

家庭手作比萨全书 / 金一鸣著；王正毅摄影．— 北京：北京科学技术出版社，2019.12
ISBN 978-7-5304-9736-4

Ⅰ．①家… Ⅱ．①金… ②王… Ⅲ．①面食 - 食谱 Ⅳ．① TS972.132

中国版本图书馆 CIP 数据核字（2018）第 154143 号

家庭手作比萨全书

作　　者：金一鸣
摄　　影：王正毅
策划编辑：宋　晶
责任编辑：樊川燕
责任印制：张　良
图文制作：天露霖文化
出 版 人：曾庆宇
出版发行：北京科学技术出版社
社　　址：北京西直门南大街 16 号
邮　　编：100035
电话传真：0086-10-66135495（总编室）
　　　　　0086-10-66161952（发行部传真）
　　　　　0086-10-66113227（发行部）
网　　址：www.bkydw.cn
电子信箱：bjkj@bjkjpress.com
经　　销：新华书店
印　　刷：北京捷迅佳彩印刷有限公司
开　　本：720mm × 1000mm　1/16
印　　张：9
版　　次：2019 年 12 月第 1 版
印　　次：2019 年 12 月第 1 次印刷
ISBN 978-7-5304-9736-4 / T · 997

定价：49.80 元

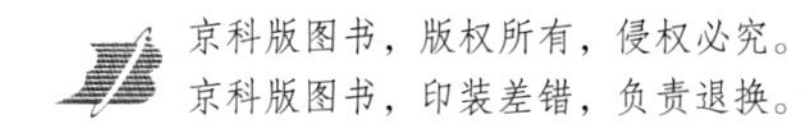

自　序
翻转吧，手工比萨！

学生时代时，异国菜肴并不普遍，美式快餐连锁店售卖的比萨在当时算是时髦西餐。美式比萨有着厚厚的面饼、满满的馅料。退伍后，我踏上了第一次半自助旅行之路，去了法国、瑞士和意大利。在意大利的市井街头随处可见烤着的方盘薄皮比萨，仿若葱油饼之于台湾般普遍。

比萨起源于欧洲大陆，传入美国后有了更多变化，最后在世界各地广为流行。很久以前，希腊人为了外出工作方便，将面包做成扁平状，再加上调料和其他原料一起烤，这就是关于比萨起源的说法。后来这种做法流传到意大利那不勒斯，演变成接近如今广受欢迎的比萨。19 世纪初，大众对加了番茄酱的比萨需求大增，专业比萨师因此而生。第二次世界大战后，意大利移民将他们喜爱的比萨带到了美国，在美国新大陆，比萨有了新变化，在纽约发展成薄脆比萨和芝加哥深盘比萨。

比萨虽是世界流行的快餐之一，但它和街上随处可得的快餐有所不同，比萨适合在家动手做，简单有趣又亲民实惠，馅料口味变化无穷。比萨的传统口味与原料源自欧美，在经济全球化的时代，要获得这些地道的原料并非难事，但为了与大自然友好相处、实现可持续发展，我希望大家多使用本地健康无害的有机原料，这样做除了可以减少碳足迹，还可以缩短从产地到餐桌以及烹饪的人与享用的人心之间的距离。在意大利，比萨本来就是家庭主妇人人都可以动手做的国民美食。孩子放学或运动回家后，还有什么比妈妈亲手做的热腾腾的比萨更让他们满足的呢？

旅行和烹饪一直是我探索这个世界的两种途径。是我亲爱的家人让我可以任性地在这一路上边走边吃，这很好地滋养了我好奇的心灵与味蕾。谨以此书感谢我亲爱的家人与天上的父亲。

目录

准备做手工比萨喽！

Chapter 1
经典风味比萨

Chapter 2

创意可口比萨

Chapter 3

变化款比萨

Chapter 4

用比萨面团做可口点心

准备做手工比萨喽！

制作比萨不仅需要配方，还需要技术，因为烘焙比萨就像烘焙其他所有美食一样是一门手艺。但烘焙比萨也没有那么难，只要选购优质原料、准确称重、用心制作并耐心等候就能做出好的比萨面饼。而且即使没有专业的比萨烤炉，只要有好原料与好手艺，同样可以做出好吃的比萨。

好原料让你做出可口比萨

俗话说:“好料出好菜”，因此，好原料绝对是关键，在预算范围内尽可能选择优质原料。香浓的奶酪、纸片般的意大利生火腿、新鲜的蔬果与芳香植物等原料都将转换成比萨上诱人的馅料。但别因此被原料绑架，“少即是多”（less is more）也是制作可口比萨的准则之一，不要贪心地在面饼上加一堆原料，不同原料的味道可能会互相冲突，原料太多的话甚至可能把你的比萨面饼压得喘不过气。熟记这些基本准则，你也能做出家人和朋友心中第一可口的比萨。

番茄

提到原料，新鲜通常是我们重点强调的，但台湾种植的番茄种类不多，也不太适合制作番茄酱，即使在欧美，想搜集到品质一致并且适合制作番茄酱的番茄也并不容易。因此，几乎所有比萨师都会选用优质番茄罐头或番茄膏来自制番茄酱。比萨上用的番茄酱大多是用番茄罐头或其他番茄制品简单调味而成的，不需要加热，和做其他菜肴或意大利面用的红酱不同。

一定要挑选好的番茄罐头。买几种不同品牌的番茄罐头，先过滤掉深红色汁水，然后把番茄冲洗干净并查看其颜色，劣质番茄罐头中番茄的真实颜色并非如泡在汁水中那般红艳，真正的好番茄是不需要汁水来掩饰的。

奶酪

虽然以番茄酱为基底的比萨是主流，但不用番茄酱也可以创造出许多口味。可是我们却难以想象没有奶酪（特别是做比萨使用的主要奶酪——马苏里拉奶酪）的比萨会是什么味道的。马苏里拉有两种:一种由奶牛乳制成，放在比萨面饼上作为馅料的基底，它像胶一样可以固定其他馅料，用量要少；另一种是老饕们的最爱——由水牛乳制成，通常用来加在烤好即将上桌的比萨上。市售比萨奶酪丝种类繁多，有马苏里拉奶酪丝、切达奶酪丝等。建议使用马苏里拉奶酪丝，这种奶酪丝口味更佳。若家中没有，也可以用市售其他比萨奶酪丝代替。奶酪的种类五花八门，不妨大胆试试比萨和不同奶酪的搭配。

马苏里拉奶酪

蓝纹奶酪

卡芒贝尔奶酪

里科塔奶酪

油脂

制作比萨时何时该用油？哪一种油最好？各地各派都有不同的意见，但橄榄油绝对是制作比萨时最常使用的油，少了它，比萨的味道就会差很多。在以比萨闻名的意大利那不勒斯，比萨师更是橄榄油不离手。美国的比萨师也常常使用橄榄油。制作正宗的那不勒斯比萨面团时只加面粉、盐、酵母和水，不加任何油，但在美国，比萨师在制作面团时常常会添加各种油脂或含油脂的原料，如橄榄油、猪油、起酥油或奶油等。橄榄油可以增强面团的延展性，让面饼的口感更柔软。烘焙时，橄榄油可以给面饼增加色泽，还可以裹在馅料上使馅料保持水分。有些味道温和的植物油常被用来涂抹比萨烤盘，有时也会被加在面团中，而我们喜欢的馅料，如培根、香肠等，也会给比萨增添油脂。

肉制品

意大利有各种各样的香肠、腊肠、生火腿等肉制品，种类丰富又好吃。比萨的烘焙温度较高，烘焙时间较短，鲜肉若切得过薄，容易烤干甚至烤焦；切得过厚又可能出现外熟内生的情况，因此风干肉或烟熏至熟的肉比较适合用来做比萨。后来比萨又成为一种快餐，这对原料的易于加工和便于保存提出了更高的要求。因此，香肠、腊肠及生火腿等肉制品就成了制作比萨的重要原料之一。东方国家也有丰富的肉制品，不妨多多尝试用东方国家的原料制作意式美味。

芳香植物

芳香植物是地中海美食的重要元素之一，它们有各种香味，能融于菜肴，因此来自地中海的比萨自然也少不了它们。处理这些鲜嫩的芳香植物要特别温柔，切得过碎或切得太粗鲁会让芳香植物受伤或变色，最好用锋利的刀迅速切碎，或是取 5~6 片叶片卷成小雪茄状再切成细丝。若没有新鲜芳香植物，可改用干芳香植物，1 大匙新鲜的芳香植物可用 1 小匙干芳香植物代替，比例约为 3:1。下面介绍几种常用的芳香植物。

说罗勒是比萨界的芳香植物之王一点儿也不为过，特别是罗勒与番茄搭配时，味道更是一绝，二者绝对可以成为意大利厨房里的绝佳组合。制作经典玛格丽特比萨时，罗勒、番茄和马苏里拉奶酪是原料“铁三角”，罗勒也是青酱的主角，甚至在番茄酱里也能看到罗勒。新鲜罗勒味道清新、香甜，这是带草味的干罗勒所不能比的。在烹饪的过程中罗勒的香味会变淡，但它能提升酱料与比萨的风味；罗勒也可以直接放在烤好的比萨上作为装饰，同时还能提升比萨的风味。罗勒过度烹饪会产生苦味，所以要特别注意烹饪时间。

油脂　　肉制品　　干欧芹　　干牛至

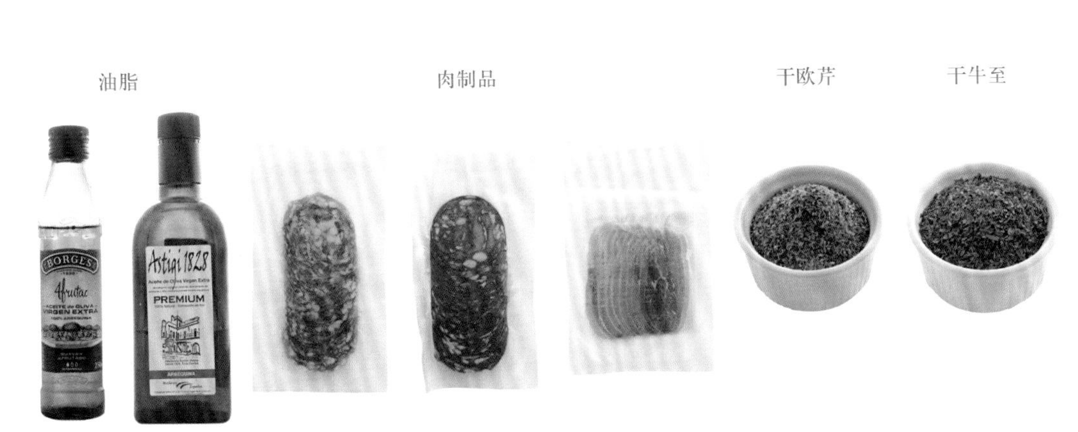

牛至强烈的香味和微苦的味道能去除肉类和鱼类的腥味，干牛至的香味比新鲜牛至的更浓烈。牛至特别适合搭配以番茄为主要原料的菜肴，如意大利比萨中就很容易看见牛至，因此牛至也博得了“比萨草”的美名。

欧芹一般分成卷叶与平叶两个品种。卷叶的味道较浓烈，多用于装饰摆盘；而平叶的味道较温和，广泛用于西式菜肴，它的普遍性与重要性等同于台湾菜肴中的三星葱[①]，常用来调味或装饰。欧芹叶不耐久煮，通常在起锅前加入以增添香味。

新鲜牛至

新鲜欧芹

新鲜罗勒

① 台湾菜肴中的一种代表性原料。——编者注

好工具帮你轻松做比萨（带★的为必备工具）

“各就各位”是厨房里的黄金准则。在烹饪前准备好工具，处理好原料，依照使用顺序放在工作台上或随手可取的位置，这样烹饪时就能有条不紊、不慌不乱。在制作比萨的过程中，烘焙石板是加分的好工具，但若家中没有也别担心，这绝不会阻碍你做出一个好吃的比萨。尽管放手去做！

烤箱

这几年，台湾掀起了燃木烤炉比萨的风潮，用燃木烤炉烤出来的比萨面饼不仅香脆还带有木柴的香气。不过，一般家庭不大可能有这样的设备。燃木烤炉和家用烤箱最大的差别在于可达到的最高温度不同，家用烤箱能达到的最高温度约为250℃，只要家中有能调上下火的烤箱，就可以轻松烤出一款还不错的比萨。在比萨组装完成的前几分钟，确定烤箱温度已达设定温度后把温度调到最高，空烤3~4分钟，再调回预设温度，最后将比萨移入烤箱烤6~8分钟或烤至面饼微微焦脆、有金钱豹纹并且奶酪熔化冒泡。跟烤箱有关的一个难题是配方中给出的温度与时间。不同烤箱能达到的最高温度不尽相同，即使相同，你设置的温度跟烤箱的实际温度之间也会有误差，而温度不精准会影响烘焙时间。请参考本书的烘焙温度与时间设定，但操作时请将烤箱温度调到最高，并注意观察烤箱里的比萨，烤至面饼金黄焦脆、馅料香熟并且奶酪冒泡即可出炉。

烘焙石板

烘焙石板是圆形或方形的无釉粗糙石板，在预热前放入烤箱随烤箱一起预热，通常需要预热半小时以上，它可以均匀地导热，能让比萨面饼更香脆。一般来说，烘焙石板在烤箱中离底部加热源越近，烘烤效果越好。若将冰凉的烘焙石板直接放入已加热的烤箱，石板就容易破裂。需注意的是，加热后的烘焙石板温度极高，即使戴上隔热手套也很容易烫伤，因此要特别小心。若家中没有烘焙石板，可用烤盘代替，先将烤盘放入烤箱空烤30分钟，再放入比萨烘烤。

★ 比萨铲

比萨铲除了有传统木头材质的外，也有金属材质的（以质轻的铝为主），台湾还可以找到竹子制的比萨铲。比萨铲有不同的尺寸和形状，方形比萨铲适合用于将比萨移入与移出烤箱；较小的圆形比萨铲适合用来旋转和移动比萨。

使用时，先在比萨铲上撒薄薄的一层面粉，再轻轻提起面饼放到比萨铲上，轻轻晃动以确定面饼没有粘在比萨铲上，若粘住了，可将面饼边缘轻轻提起，再撒少许面粉在铲上，迅速专注地将比萨送入烤盘中或烘焙石板上，再抽出比萨铲即可。

比萨铲

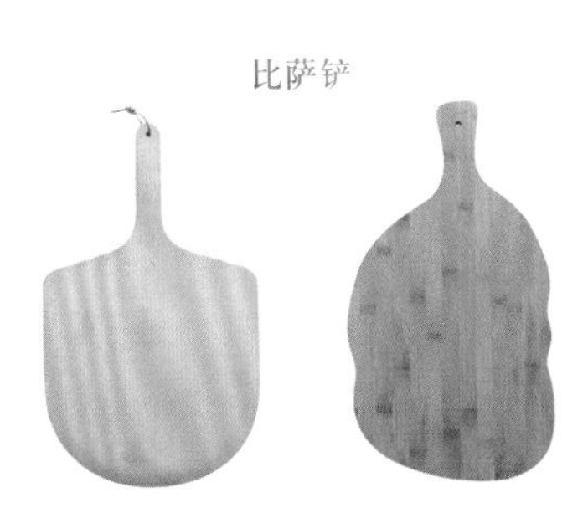

刮板

刮板一般有塑料的和金属材质的两种，有直边的也有弧形的，价格都很便宜。直边的可以搅拌面粉和其他原料，也可以分割面团，还可以刮除或清理工作台上的面粉与面团屑。弧形刮板的作用和橡胶刮刀一样，可以取出厨师机或钢盆里的面团。建议两种形状的各准备一个。

刀

不管做什么菜，都需要一把好用的刀来切蔬果、奶酪和肉类等。在预算范围内先买一把中型切刀，之后可添置一把小一点儿的，用于切小东西或削皮，再慢慢添置其他刀，如面包刀和奶酪刀等。

刨丝器

制作比萨时，奶酪多半切片使用。若需要刨丝就得用刨丝器，刨丝器是金属材质的且有各种形状，一定要选择坚固耐用的。

比萨滚针

烘焙时，为了避免热气造成面饼隆起，要在比萨面饼上扎些小孔，让面饼透气。比萨滚针可以轻松完成这项工作，但若没有此工具，也可以用叉子替代。

★ 擀面杖

实木擀面杖重量适中，使用方便；金属材质的过重，容易粘上面团；塑料材质的又太轻。所以，实木擀面杖最适合用来擀面团。擀面杖的尺寸以长 40~50 cm、直径 5~8 cm 为宜。

温度计

温度是制作面团时的关键词之一。对初学者来说，使用温度计能帮助你更快地掌握面团的特性。制作面团时，理想的室温是 18~20℃，若室温太高可用冷水和面，室温太低则用温水和面。

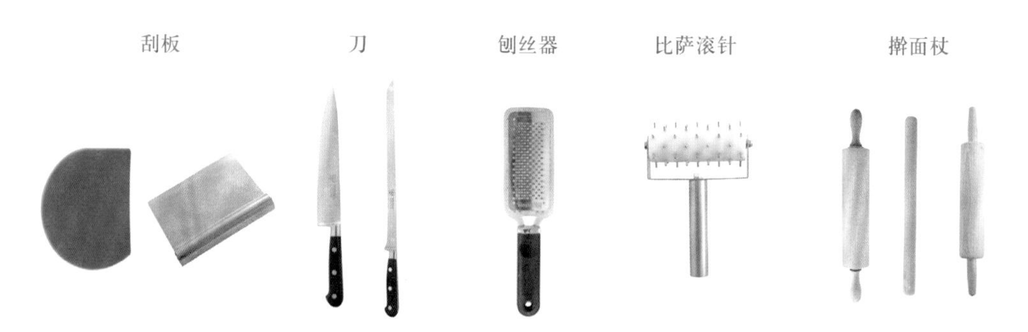

面团发酵箱

用来发酵面团，箱体深度一般为6~8 cm，长宽则根据你一次制作的面团的大小而定。面团发酵箱最好选择硬木的，这种发酵箱既可以保湿又可以吸收面团发酵时散发的水汽。塑料材质的并不理想，不过若有盖子密封隔绝也可以使用。可以用较深的金属烤盘代替面团发酵箱，虽然金属的隔绝效果也不太好。发酵箱如果没有盖子，就必须用湿毛巾盖上来防止面团中的水分蒸发，毛巾的尺寸要大于箱口的尺寸才不会粘在面团上面。若使用保鲜膜覆盖，要在保鲜膜上面涂抹一些油，这样才不会粘在面团上。

★ 比萨烤盘

浅烤盘用于制作普通比萨，深烤盘则用于制作芝加哥厚底比萨。可选择较轻的优质金属烤盘，这种烤盘导热效果较好。底部没孔的烤盘烤出来的面饼较软，而有孔的烤盘烤出来的面饼较脆、较硬。将烤好的比萨移出烤盘后再进行切分，否则会破坏烤盘的不粘涂层。

★ 钢盆

制作比萨时，你需要容器来盛放面团、酱料和馅料等，可以准备不同大小的钢盆。在制作面团或准备馅料前，先按配方称好原料装入钢盆并放在工作台上，这样你就很清楚自己准备了哪些原料，而不至于在制作过程中才发现原料没有备齐。

比萨刀

比萨刀的作用是在比萨上桌前将其均分成几份以方便食用。常见的比萨刀是带有可以转动的圆形薄刀片的比萨轮刀，造型不一；而比萨店大多使用更大更长的比萨摇刀，比萨摇刀除了可以切比萨，也可以切芳香植物。

厨师机

耐用高效的厨师机可以让你更轻松地制作比萨面团，最好选择带有大功率电机与大容量搅拌碗的厨师机。

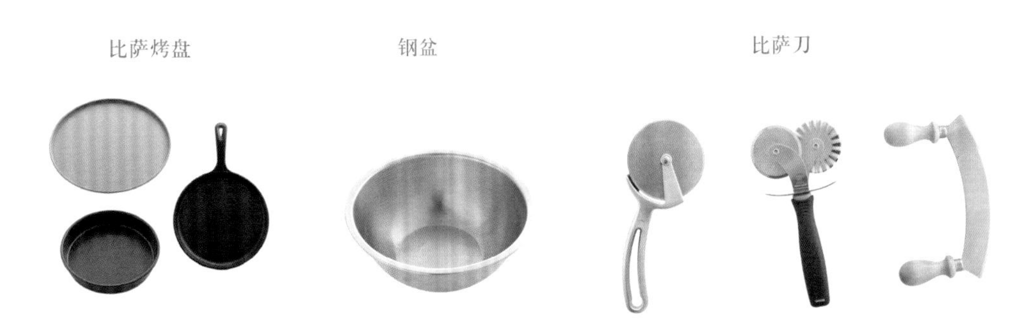

★ 秤、量杯和量匙

许多人甚至专业厨师都习惯目测或凭手估量原料分量，不过在制作比萨时，如果你希望每次做出来的成品味道一致，就应该使用称量工具，特别是在制作比萨面团时，强烈建议你用秤称重。此外还要注意的是，使用量杯或量匙量取干性原料时，原料表面应该与量杯上相应的刻度或量匙的边沿齐平，如称量 1 小匙砂糖时砂糖表面要和小匙边沿齐平，凸起来的多余部分必须刮掉。

制作比萨面团的四大基本原料

水 + 酵母 + 面粉 + 盐

不用担心，我不会要求你学会专业比萨师的花样特技，虽然让面团在空中旋转的确可以让面饼的口感更好，但只用双手或擀面杖一样可以做出好吃的比萨。制作面团的第一步是要了解面团的特性——软硬程度、发酵程度等。只要多了解、多练习、多用心，即使是那些不会做饭的人也能做出好吃的比萨。

好面团需要长时间发酵，你可以把揉好的面团放在冰箱中冷藏发酵 20~24 小时，发酵好的面团可以冷冻保存，使用前解冻即可。一般用制作面包的高筋面粉就能制作比萨面团。本书使用活性干酵母来发酵面团，这样最方便。先把干酵母放入温水中，充分溶解后，再把酵母水倒入面粉中混合均匀，然后静置让面团发酵。最理想的发酵温度是 27~43℃，温度过高，酵母菌会被杀死，面团会因此变得黏稠厚重；而温度过低，酵母无法产生作用，面团就会成为一团死面。面团发酵完成后，在工作台上撒一层面粉，把面团擀开，裹在上面的面粉会让比萨面饼的口感更好，然后对面饼进行整形。工作台上不能有水分，否则面饼会粘在上面，最后别忘了用叉子在面饼上叉些小孔，这样烘焙时面饼才不会起泡隆起。

水

有些专业比萨师认为，不同的水会让比萨有不同的味道，我不特别强调水质，用饮用水即可。

面团中水的含量是决定面饼口感的一大因素，水的含量越高，面饼的口感就越膨松、柔软、爽脆，在烘焙时，面饼中的水分会变成水蒸气让面饼膨胀，比萨面饼最终会被烤得外脆里软。但水的含量越高，面团就越湿、越黏，越难整形，因此，一般情况下，水的用量为面粉用量的 60%~70%，如第 011 页的“标准比萨面团”只使用了传统意大利比萨面团的四种基本原料：水、酵母、面粉和盐，水的用量约为面粉用量的 65%，此比例适中、容易操作，非常适合初学者，较适合意式风味的薄脆比萨，口感薄脆又湿润。当你熟练了标准比萨面团的整形操作后，可以挑战一下自己：增加水的用量，最高可达面粉用量的 85%。

酵母

酵母可分为鲜酵母、活性干酵母与速发酵母，本书统一使用活性干酵母，当然你也可以用鲜酵母，甚至可以尝试天然的发酵方法。若使用酵母，要注意酵母的保质期与保存方法。用活性干酵母和好面团后，放入冰箱冷藏 24 小时或更久，最多可冷藏 48 小时，酵母可以分解面粉中的单糖，时间越长，分解的单糖越多，等于酵母先替我们的肠胃进行了一部分消化工作，吃了用这种方法制作的面饼，肠胃的负担比较小。也可以用速发酵母发酵面团，面团不用搅拌出筋，发酵时间短，可在一个小时内完成发酵，但速发的面饼吃了后不好消化、容易胀气。酵母是有生命的，尽可能购买小包装的并快速用完。若拆封后没用完，必须放入稍大一点儿的保鲜袋或密封罐中冷藏保存。鲜酵母可保存约 2 个星期，干酵母可以保存 2 个月。冷冻的话酵母的活性会被破坏。

面粉

制作面团时，面粉中麸质的含量非常重要，甚至会决定面团能否制作成功。面团的膨胀程度取决于蛋白质的延展性，因此，与面包面团相同，比萨面团也要用蛋白质含量较高的高筋面粉制作。制作比萨面团最好使用蛋白质含量为 12%~13% 的面粉，蛋白质含量为 15% 的高筋面粉和蛋白质含量为 9% 的低筋面粉各占面粉用量的50%也可以。若想长时间冷藏发酵面团，就要使用蛋白质含量更高（13%～14%）的面粉。

盐

盐一直是做菜的重要原料，这几年更是从厨房中的基本原料跃升为主要原料，许多老饕热衷于盐和菜肴碰撞出的“火花”，在进口超市中可以找到各种各样的不同国家的特色风味盐。制作面团时，盐的用量要特别精准。盐不仅可以提升味道，还能增强面团中麸质网的强度，使面团更柔韧。一般食盐都具备这些功能。不过台湾的食盐含碘，带有些许苦味，可以试试品质较好的食用海盐，它能为面团带来不同的风味。此外，盐具有防止面团氧化与变色的作用，还会使酵母脱水死亡，抑制发酵。因此，制作面团时，应先将除了盐以外的其他原料放在一起搅拌几分钟，等酵母发生作用后再加入盐。使用粗细不同的盐时，建议用秤称量，这样更精准。

自制四种比萨面团

标准比萨面团 分量：750 g

原料

干酵母	1/2 小匙	盐	12 g
微温开水（22℃）	300 ml	普通橄榄油	适量
高筋面粉	450 g		

做法

和面发酵

1 在微温开水中放入干酵母，搅拌让酵母溶解，制成酵母水。

2 将面粉和盐放入大碗或钢盆中，用手指混合均匀（图❶）。

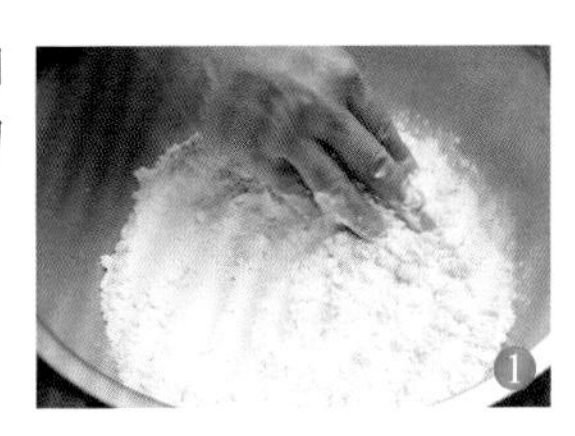

3 酵母水分次倒入面粉和盐的混合物中（图❷），边倒边用手将水和面粉和成面絮（图❸）。

4 用手指轻轻地将所有面絮捏在一起，尽量避免面粉粘在手心上，用手指的指节稍微揉一揉。

5 揉成团后，静置15分钟（图❹），这可帮助面粉吸收水分，从而使后面的揉面更轻松。

6 先把手指蘸湿以免面团粘在手指上，然后开始揉面团，揉约5分钟或直至面团表面光滑（图❺）。

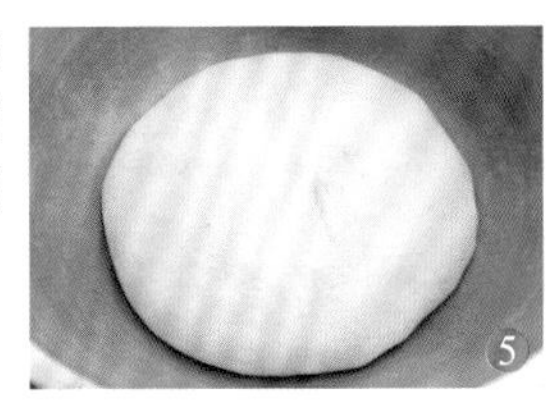

7 用保鲜膜或湿毛巾盖住大碗或钢盆，将面团静置 1 小时。

8 双手指腹抹少许橄榄油，轻轻提起面团四个角往中心折叠并捏紧（图❻）。

9 翻转面团，让底部朝上，双手轻轻捧起面团然后做使面团呈圆弧形摇晃的动作（图❼），利用靠近手掌根的力量将面团整成紧实、光滑的球形（这个动作称为滚圆，图❽）。

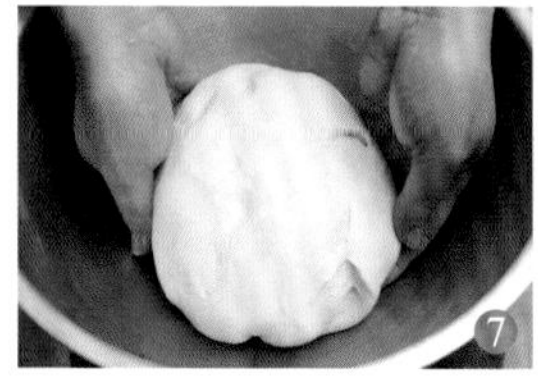

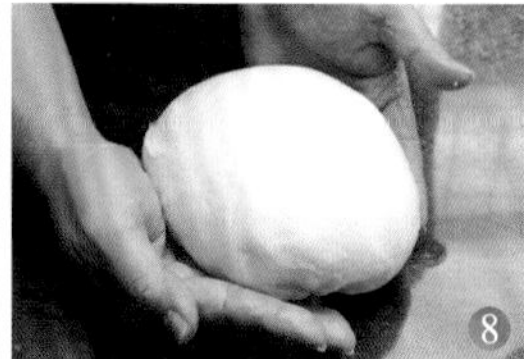

10 在面团表面轻轻刷薄薄的一层橄榄油（图❾），将面团放回大碗或钢盆中，盖上保鲜膜或湿毛巾，放进冰箱冷藏发酵 24 小时。

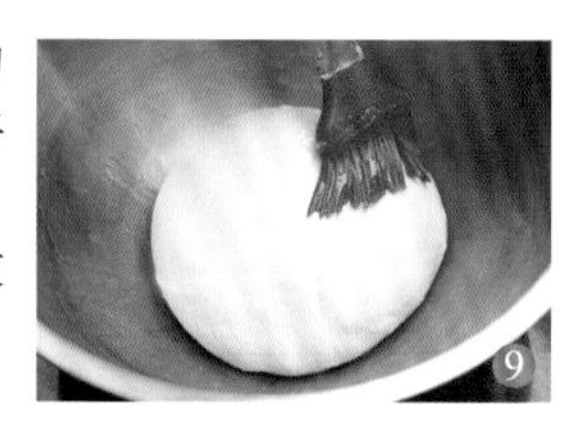

1 若你想第二天做晚餐时使用面团，就必须提前一天做好。如果你想缩短发酵时间，可以将干酵母的用量增加 20% 或将面团放到温度较高的地方让它发酵，比如，若室温为 20~24℃，发酵 15~18 小时即可。

2 在手上蘸些面粉再搓一搓手就能去掉粘在手上的面团；也可以先用温水冲洗，再用清洗用的刷子刷干净。

分割面团并滚圆，进行二次发酵

1 在工作台上撒上面粉，用刮板将发酵完成的面团均分为 5 份（750 g 均分为 5 份，每份约 150 g，图❿）。

2 用手罩住分割好的面团，利用手掌对面团施加少许压力（图⓫），用重复画圆圈的动作把面团整成紧实、光滑的球形（图⓬和图⓭）。滚圆的动作要练习几次才会熟练，但不要老用同一个面团练习，以免施压过度，导致面团破裂。

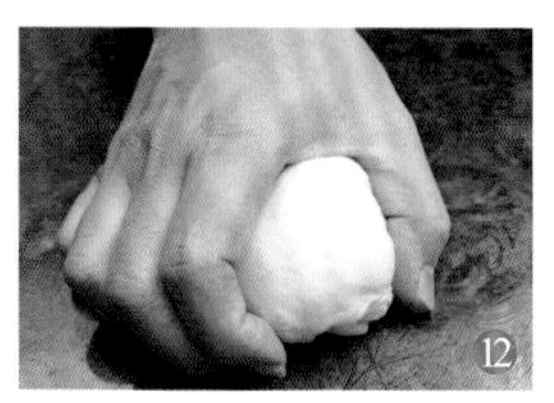

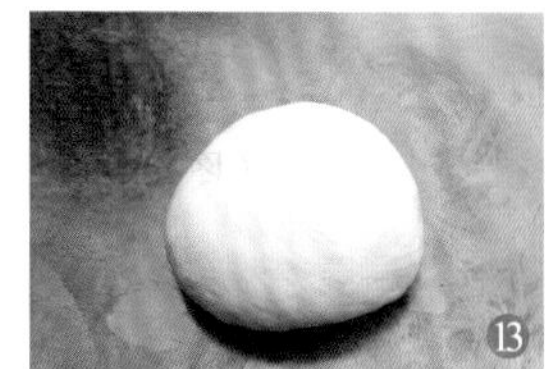

3 把面团放到保鲜盒中摆好，进行二次发酵，面团之间要保持适当间距（图⑭），以免在发酵时因膨胀粘在一起。若保鲜盒没有盖子，就用保鲜膜或湿毛巾盖上（图⑮）。若室温为 24℃，发酵约 1 小时即可。

用双手把面团推开并拉大

1 准备一盘面粉放在工作台上，撒一些在工作台上，双手也蘸些面粉，取出面团并在面团表面裹一层面粉，再把面团放在撒了面粉的工作台上。

2 用双手指腹从面团中心往外推（图⑯），面饼边缘可以厚一些。

3 右手手掌轻压在面饼上，将左手四指伸到面饼下面、拇指按在面饼上面（图⑰），轻轻捏住面饼往外拉（图⑱）。

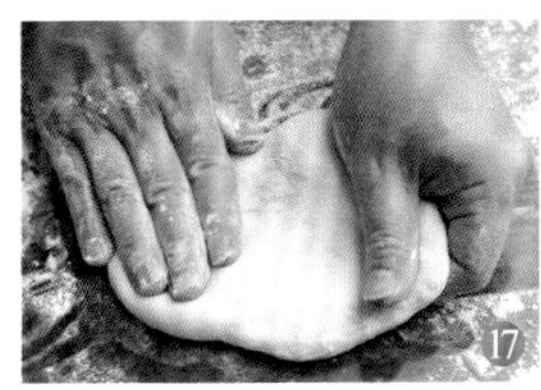

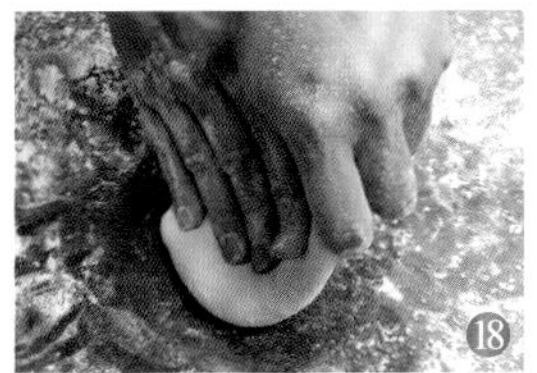

4 顺势 360° 上下翻转面饼（图⑲）。

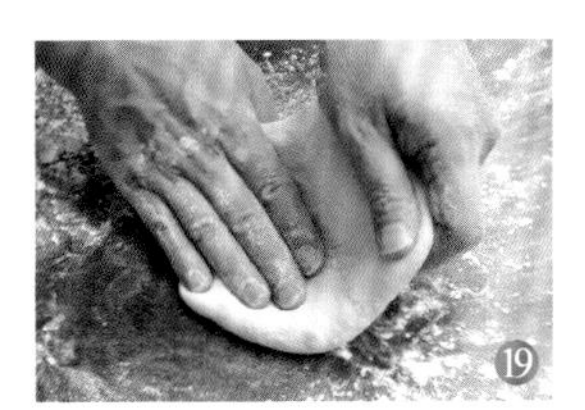

5 重复步骤 3，右手顺时针旋转并让左手逆时针旋转，借此让面饼旋转 360°（图⑳），使其变大、变薄。

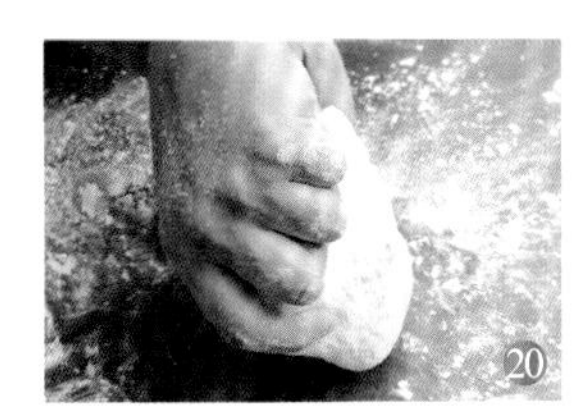

6 将面饼整成你想要的厚薄与大小，面饼边缘仍厚一些（图㉑和图㉒）。

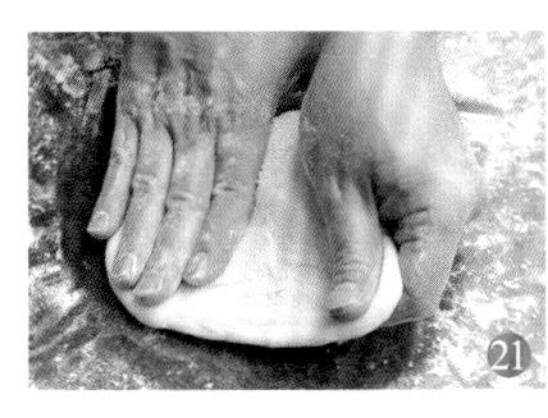

或者用擀面杖把面团擀开

1 准备一盘面粉放在工作台上，撒一些在工作台上，双手也蘸些面粉。取出面团并在面团表面裹一层面粉，然后将左手四指伸到下面、拇指按在上面，轻轻捏住面团，右手也按同样的方法捏住面团让其逆时针旋转，旋转的同时往外拉面团。

2 做此动作时，面饼边缘的厚度要始终保持在 2 cm 左右，将面饼整成圆形（图23）。

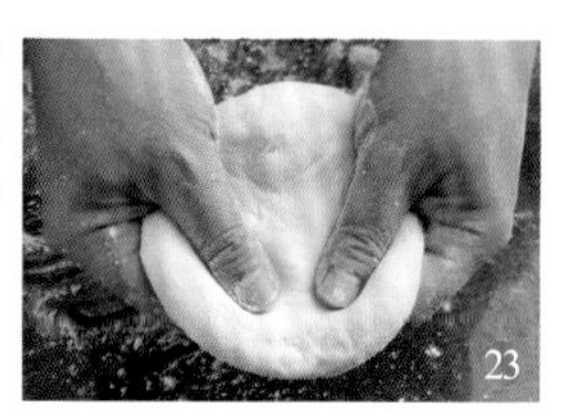

3 在面饼表面撒一层面粉，然后将面饼放在撒了面粉的工作台上。

4 用擀面杖擀开面饼（图24）。

5 双手轻压在面饼上（图25），让面饼顺时针旋转，使其更圆、更薄。

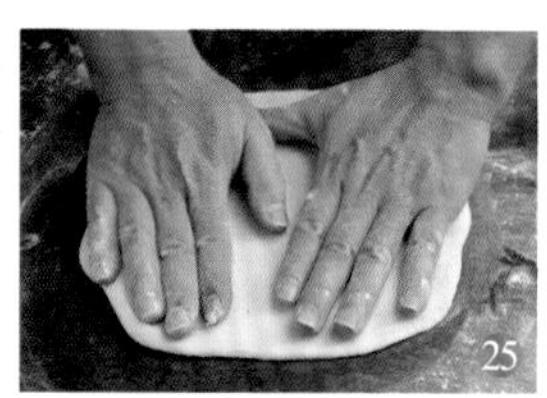

6 最后，左手手掌朝上伸到面饼下面，右手轻轻盖住面饼，双手轻轻夹住面饼将其拿起来（图26），从左手抛到右手，再从右手抛到左手，重复几次。

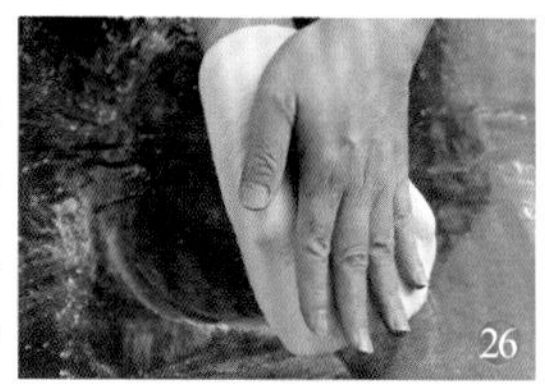

冷冻保存面团

1 一般来说，菜做好后最好趁热吃，比萨面团也是如此，发酵完成后最好立即整形并烘焙。但若不小心做多了，或想多做一些以节省下次的准备时间，可以将发酵完成的面团冷冻保存起来。

2 面团必须在完成“分割面团并滚圆，进行二次发酵”（第 012~013 页）后，再移到较小的发酵箱或烤盘中，如此放入冰箱冷冻就不怎么占空间。待面团冷冻变硬后取出，装入保鲜袋，密封，再放回冷冻室，每个保鲜袋装 1~2 个面团，可保存 2 个月。

3 在使用前的 2~3 小时，将面团从冷冻室取出。准备一个大碗或一口锅，倒入约 80℃的热水，将面团从保鲜袋中取出直接放入热水中，要放约 15 分钟，如此可让约 1/4 的面团解冻，此时面团中心仍是硬的，将面团取出沥干水分放在烤盘或发酵箱中，盖上盖子、湿毛巾或保鲜膜，让面团在室温下解冻 1.5~2 小时（具体时间视室温而定），直至面团完全解冻即可对其进行整形并烘焙。

经典那不勒斯比萨面团 分量：750 g

原料

干酵母	1/2 小匙	高筋面粉	470 g
微温开水（22℃）	270 ml	橄榄油	少许
盐	10 g		

做法

用厨师机制作

1. 将干酵母加入微温开水中，搅拌至溶解。
2. 将面粉和盐放入厨师机的搅拌碗中，用面团钩低速搅拌至混合均匀。
3. 一边倒入酵母水一边继续低速搅拌，直至所有原料混合成团。
4. 厨师机调至中速，继续搅拌 5~6 分钟至面团不粘搅拌碗内壁，在搅拌过程中若面团粘在面团钩上了，可先暂停厨师机，用木匙把面团刮下来再继续搅拌。
5. 厨师机调至低速，搅拌 3~4 分钟或搅拌至面团表面光滑并不粘搅拌碗内壁。
6. 取出面团，在工作台上和面团表面各撒些面粉，再将面团滚圆。
7. 将面团平均分割成 5 份，分别滚圆后放入发酵箱，在表面轻轻刷少许橄榄油，加盖密封，或用保鲜膜或湿毛巾盖住，冷藏发酵 18~24 小时或发酵至面团的体积增大为原来的 2 倍。
8. 重复标准比萨面团“分割面团并滚圆，进行二次发酵”的步骤 2~3（第 012~013 页）即可。

1 经典那不勒斯比萨面团中水的用量约为面粉用量的 55%，若面团在搅拌或整形过程中太干或太硬，可酌情加水。这是个经典意式比萨面团配方，烤出的面饼很爽脆。

2 若想节省时间，可在室温下发酵面团。室温为 20~24℃的话，发酵 6~8 小时或发酵至面团的体积增大为原来的 2 倍即可。

纽约西西里比萨面团

分量：900 g（做圆形比萨的话，可分割成 5 个面团，每个约 180 g）；30 cm×40 cm 的方形烤盘 1 个

原料

干酵母	1 小匙	盐	10 g
微温开水（22℃）	350 ml	特级初榨橄榄油	3 大匙
高筋面粉	500 g	普通橄榄油（涂抹烤盘用）	约 7 大匙

做法

用厨师机制作

1. 将干酵母加入微温开水中，搅拌至溶解。
2. 将面粉和盐放入厨师机的搅拌碗中，用面团钩低速搅拌至混合均匀。
3. 将厨师机调至中速，边搅拌边加入酵母水，待水被吸收后再加入特级初榨橄榄油，搅拌 2~3 分钟至所有原料混合成团。
4. 再以高速搅拌至面团表面光滑、不粘搅拌碗内壁（需要 5~6 分钟），在搅拌过程中若面团粘在面团钩上了，可先暂停厨师机，用木匙把面团刮下来再继续搅拌。
5. 在 30 cm×40 cm 的烤盘中铺一层烘焙纸，再用刷子或手指在烘焙纸上涂抹普通橄榄油。将面团放在烤盘中滚一圈，让面团表面都沾上橄榄油。
6. 小心地将面团推开直至铺满烤盘。
7. 静置 15~20 分钟，再次把面团推开直至铺满烤盘。
8. 在烤盘上盖上保鲜膜或湿毛巾，在室温为 20~24℃的环境下发酵 2 小时。
9. 在工作台上撒上面粉，面团表面也撒些面粉，将面团滚圆。
10. 将面团平均分割成 5 份，分别滚圆后放入发酵箱，在表面轻轻刷少许橄榄油，加盖密封，或用保鲜膜或湿毛巾盖住，冷藏发酵 18~24 小时或发酵至面团的体积变为原来的 2 倍。
11. 重复标准比萨面团“分割面团并滚圆，进行二次发酵”的步骤 2~3（第 012~013 页）即可。

纽约西西里比萨是意式比萨传到美国后衍生出的版本，除了水的用量是面粉用量的 70% 外，还加入了橄榄油，这样湿性原料（水和油）的用量加起来几乎达到面粉用量的 80%，面团非常湿软，不易用手操作，适合用机器搅拌，面饼口感比较松软、湿润。此面团配方常见于纽约地区，适合面饼比较厚的比萨或方形比萨。

芝加哥深盘比萨面团 分量：1000 g

原料

酵头

原料	用量
干酵母	1 小匙
微温开水（22℃）	115 ml
高筋面粉	约 35 g
砂糖或蜂蜜	1 小匙

主面团

原料	用量
高筋面粉	520 g
微温开水（22℃）	170 ml
玉米粉	60 g
盐	7 g
特级初榨橄榄油	6 大匙
普通橄榄油（涂抹钢盆用）	少许

做法

酵头

1. 搅拌碗中倒入 115 ml 微温开水，放入 1 小匙干酵母搅拌至溶解。再加入 35 g 高筋面粉、1 小匙砂糖或蜂蜜稍稍搅拌一下。
2. 用保鲜膜或湿毛巾把搅拌碗盖上，然后在室温下静置约 30 分钟，搅拌碗中混合物的表面应该会冒泡。

主面团

1. 将 520 g 高筋面粉、170 ml 水、60 g 玉米粉、7 g 盐和 6 大匙特级初榨橄榄油统统加入装有酵头的搅拌碗中。
2. 用面团钩低速搅拌所有原料至成团。搅拌过程中，若面团过干，可酌情加些水。
3. 暂停厨师机，将面团静置 5 分钟。
4. 启动厨师机，调至中低速搅拌 2~3 分钟至面团表面发亮、搅拌碗内壁只粘了少许面团。
5. 工作台上撒些面粉，取出面团，揉几分钟，揉成表面光滑的球。
6. 在钢盆底部抹少许橄榄油，放入面团并盖上保鲜膜或湿毛巾，在室温下静置 2~3 小时或直至面团的体积变为原来的 2 倍。
7. 取出面团，放在工作台上，先压扁然后揉 3~4 分钟即可使用。

1 芝加哥深盘比萨面团中水的烘焙百分比约为 50%，湿性原料（水和橄榄油）的用量约为面粉用量的 65%，这个比例适中。加入油脂可增加面团的香气和延展性，使面团更适合制作深盘比萨。砂糖（或蜂蜜）可以增加甜味。

2 配方中所使用的玉米粉由玉米粒磨制而成，不是玉米淀粉，可增添风味，使面饼有派皮的感觉。若没有这种玉米粉，可以用高筋面粉代替。可尝试将面饼放入冰箱冷藏发酵 24~48 小时，这样做出来的比萨口感更佳。

酱料

比萨酱料主要分为两大类：红酱与白酱。红酱当然就是番茄做的；白酱则是牛奶和奶油做的。此外，人们有时还会使用青酱。酱料不可放得过多，否则会浸湿面饼底部，导致面饼的口感湿软不脆。

简易冷制番茄酱 分量：500 g

选用品质好的整个去皮番茄罐头，取出番茄，加上盐，当然也可以根据喜好加上黑胡椒、干牛至或特级初榨橄榄油。比萨面饼和番茄酱的基本搭配方法：较厚的比萨面饼，如西西里或芝加哥比萨的面饼，适合搭配比较浓郁厚重的、吃得到番茄碎粒的酱料；而较薄的比萨面饼，如纽约比萨的面饼，则适合搭配比较清爽稀薄的酱料。

冷制番茄酱适合提前一天制作，然后冷藏保存让味道充分融合，制作比萨时同时取出面团与酱料让其恢复至室温。

原料

原料	用量
番茄罐头	500 g
盐	1 小匙

做法

1 从罐头中取出番茄放在滤网上，用手稍微捏一捏，把大块捏成小块，静置几分钟滤出汁液。

2 将番茄块倒入钢盆中（图❶），用手完全捏碎（图❷）或用食物料理机打碎。用食物料理机打时，若希望有番茄块的口感，就不要过度搅打。

3 放入盐（图❸）并拌匀，稍微静置几分钟。最后尝尝味道，可酌情再加一点儿盐。

1 盐的用量一般不超过番茄总量的 1%，若你吃得比较清淡或番茄罐头本身有盐，尤其是比萨的馅料比较咸时，减少盐的用量或不加也无妨。

2 如果你喜欢风味比较丰富的酱料，除了加盐外还可加入少许黑胡椒、干牛至或特级初榨橄榄油。

3 此酱料的主要原料是番茄，因此番茄罐头的品质特别重要，若你买到的番茄罐头偏酸，可酌情加些糖，若不够酸可添加少许醋或柠檬汁。

经典热调番茄酱 分量：680 g

其实这就是我们熟悉的番茄酱，也用于制作意大利面、海鲜等各种美食。除了番茄外，这款番茄酱的原料也包括意大利美食的基本原料——蒜和罗勒。但若比萨馅料中本身就有罗勒或其他芳香植物，制作酱料时可不用罗勒以免比萨的芳香味太浓或太复杂。

原料

原料	用量	原料	用量
番茄罐头	500 g	蒜	1 瓣（切末）
特级初榨橄榄油	1.5 大匙	干牛至	1 小匙
中等大小的洋葱	1/2 个（切碎）	新鲜罗勒叶	2 大片（切碎）
黑胡椒	1 小匙	盐	1 小匙

做法

1 从罐头中取出番茄放在滤网上，用手稍微捏一捏，把大块捏成小块，再静置几分钟滤出汁液。汁液保留下来备用。

2 将番茄块倒入钢盆中（图❶），用手完全捏碎（图❷）或用食物料理机打碎。用食物料理机打时，若希望有番茄块的口感，就不要过度搅打。

3 锅中倒入橄榄油并用中火加热，加入洋葱碎和黑胡椒翻炒 1~2 分钟，接着加入蒜末炒香炒软（图❸），但不要炒上色。

4 再加入番茄碎与牛至并翻炒均匀，用小火继续煮 15 分钟，若酱料太浓稠，可酌情加一些番茄汁。

5 拌入罗勒叶煮一会儿，加盐调味，待酱料冷却即可使用。若能静置几小时或冷藏一整晚，风味更佳。

酱料冷却后密封起来，可冷藏保存 1 星期；若做的量较多，可将一部分密封起来，冷冻的话可以保存 1 个月以上，制作比萨或其他菜肴时再取出所需的量解冻即可。

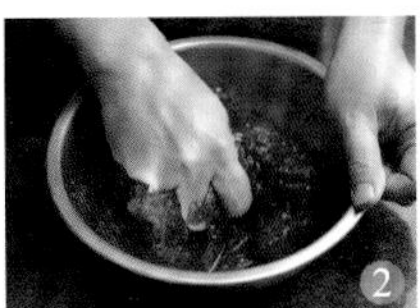

芝加哥特制番茄酱 分量：250 g

原料

原料	用量	原料	用量
番茄膏	80 g	盐	适量
干牛至	1/2 小匙	整个去皮番茄罐头	170 g
特级初榨橄榄油	1/2 小匙		

做法

1 将番茄膏、干牛至、橄榄油、盐和 50 g 番茄罐头放到食物料理机中打碎。

2 用手捏碎剩余的番茄罐头，和步骤 1 的原料混合均匀。

青酱 分量：370 g

原料

松仁或核桃碎	10 g	特级初榨橄榄油	200 ml
蒜末	1 大匙	奶酪粉	50 g
罗勒叶	100 g（切末）		

做法

1 将松仁或核桃碎放入平底锅中，用中火干炒至香熟上色（图❶）。
2 将松仁（或核桃碎）、蒜末及罗勒叶放入果汁机或食物料理机中搅打（图❷），边搅打边缓缓加入橄榄油，搅打成泥状。
3 最后拌入奶酪粉混合均匀即可（图❸）。

松仁或核桃碎也可放到预热至 150℃的烤箱中烤至香熟上色，但因坚果的油脂丰富，烘焙时要注意观察，避免烤焦。

1

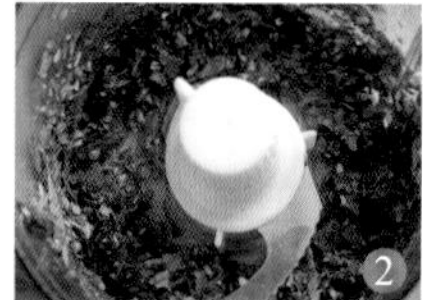
2

3

白酱 分量：500 g

原料

无盐黄油	30 g	鲜奶油	220 g
低筋面粉	30 g	盐	1/2 小匙
鲜牛奶	220 g		

做法

1 先将黄油放入锅中加热至熔化，再加入面粉翻炒成糊状（图❶）。
2 将鲜牛奶和鲜奶油分次慢慢加进去（图❷和图❸），用中小火加热，须不停搅拌以免粘锅。
3 煮至白酱开始冒泡即可关火，最后加入盐调味。

若喜欢奶味较淡的白酱，可以用鲜牛奶取代部分鲜奶油。

1

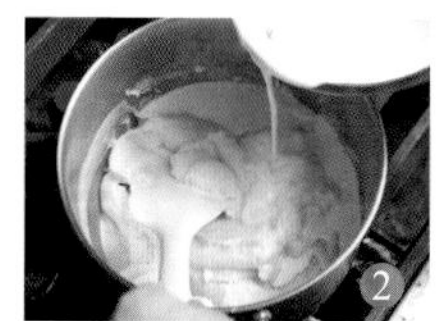
2

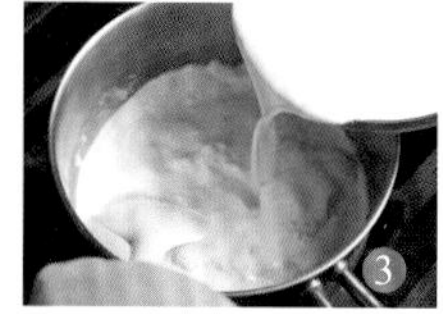
3

烤比萨前需要了解的

1 在涂抹酱料和放馅料时，务必在面饼边缘留出约 1.5 cm 宽的区域不抹酱料也不放馅料。

2 一般来说，建议先涂抹酱料，再铺奶酪，最后放其他馅料。但这个顺序并不是固定的，比如新鲜芳香植物或菠菜常常放在奶酪下面。大片的洋葱或甜椒则需先炒软再放在面饼上烘焙；若切成细丝，也可放在烤好的比萨上生吃。比较肥的香肠或肉馅建议先煎烤或汆烫，去除多余油脂后再做馅料，这样烤出来的比萨才不会太油腻；而意大利生火腿则只能等比萨烤好后再放上去。

3 制作比萨时，特级初榨橄榄油、盐以及手粉（如用来撒在工作台上的面粉或用来撒在烘焙石板和比萨铲上的粗粒小麦粉），都是工作台上必不可少的。

4 面粉预泡法：有些烘焙师为了让面包的口感更好，会先将面粉和水混合，静置半小时或数小时。面粉吸水后，面粉中的酶会分解淀粉与蛋白质，促使麸质形成。

做法如下：将配方中 1/5~1/4 的水预留下来用来溶解干酵母，将其余的水和面粉放入搅拌碗中用低速搅拌，盖上湿毛巾或保鲜膜后在室温下静置半小时以上，再按照面团的正常制作步骤进行制作即可。

5 如果要用鲜酵母取代干酵母，鲜酵母的量应是干酵母的 2~3 倍。比萨面团配方中若有油，油必须在所有原料都搅拌好后再加入。如果太早加入油，会阻碍面粉吸收其他原料。

6 冷藏的番茄酱应先取出来恢复至室温后再涂抹于比萨面饼上，绝对不要将冰冷的番茄酱直接抹在比萨面饼上。

7 在家制作比萨最大的挑战就是家用烤箱温度不够高，市面上有烤比萨专用的桌上烤炉（外形与松饼机有些类似）。不过家里若有烤肉用的有盖的燃气烤炉或木炭烤炉，再配上烘焙石板，也可以烤出直逼专业水平的可口比萨，特别是木炭烤炉还可以烤出烟熏的那种香味。

用燃气烤炉烤比萨。先把烘焙石板放在烤炉架上，然后加盖预热，再放入比萨面饼，加盖将面饼底部烤至金黄焦脆，取出面饼，翻面并抹上酱料、铺上馅料，再放回烤炉架烤至馅熟、奶酪冒泡。若没有烘焙石板，铺好馅料后须放入预热好的电烤炉继续烤。要注意的是，烤的过程中须盖上电烤炉的盖子，这样烤炉的温度才不会降低。

用木炭烤炉烤比萨。先准备木片，为了有烟熏的香味，在水中浸泡 2~3 片带香味的木片（如胡桃木片、龙眼木片等），浸湿的木片放在烧红的木炭上会产生大量熏烟。接着准备木炭。用木炭烤炉做比萨的方法如下：先在烤炉底部铺上一层烧红的木炭，然后加上一层新木炭，再贴近木炭放上烤肉架，最后放上烘焙石板，加盖焖烧半小时以上，待烘焙石板烧热后掀开盖，在石板上撒上适量面粉，再将铺好馅料的比萨移至石板上，接着将浸湿的香木片放在木炭上，迅速盖上盖子，避免温度降下来，约 30 秒后就会产生许多熏烟，烤至面饼金黄焦脆、奶酪冒泡即可。

1 若使用烤肉炉，放入比萨 3~4 分钟后，即可观察烘焙程度。

2 使用烤肉炉烤比萨时，要注意：烤肉炉的热源会直接接触原料，因此比萨面饼及馅料的原料不能处理得太厚，否则表面焦黑了而里面还未熟。

3 为了避免比萨烤焦，煤气烤炉加热源要关掉 1~2 排，而木炭烤炉的木炭使用量也要减半。

4 烤肉炉和家用烤箱可以一起使用。先用烤肉炉的直接热源将比萨烤至半焦脆，再移到电烤箱中烤至馅熟、奶酪冒泡。

1

Chapter

经典风味比萨

本章包括 20 道一定要学会的经典比萨，从玛格丽特比萨到正宗那不勒斯比萨，一应俱全。学会了这些，你在家也可以烤出主厨水平的经典美味！

玛格丽特比萨 约 9 in（23 cm）

公元 1889 年，意大利皇后玛格丽特造访那不勒斯时想尝尝当地的比萨，当地一位知名比萨师拉法埃莱·埃斯波西托被叫来献艺。埃斯波西托做了三种口味的比萨，前两种是马瑞纳瑞比萨和放了小银鱼的海鲜比萨，至于最后一种，比萨师为了表达对祖国的热爱之情，灵机一动，使用了三种原料来代表意大利国旗的颜色——红（番茄）、白（马苏里拉奶酪）、绿（罗勒叶）。你能猜到玛格丽特皇后最喜欢的比萨是哪款吗？据说，世界上第一个奶酪比萨就是这样诞生的。

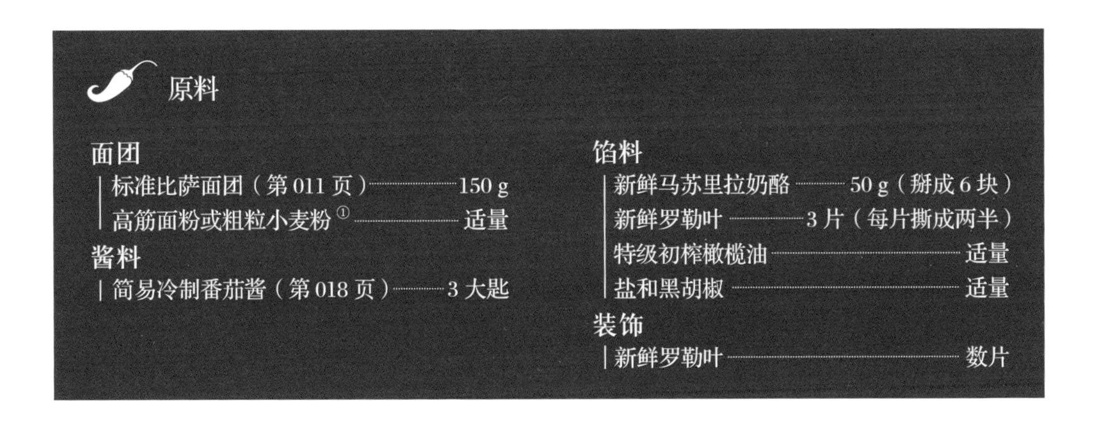

原料

面团

| 标准比萨面团（第 011 页）……150 g
| 高筋面粉或粗粒小麦粉[①]……适量

酱料

| 简易冷制番茄酱（第 018 页）……3 大匙

馅料

| 新鲜马苏里拉奶酪……50 g（掰成 6 块）
| 新鲜罗勒叶……3 片（每片撕成两半）
| 特级初榨橄榄油……适量
| 盐和黑胡椒……适量

装饰

| 新鲜罗勒叶……数片

做法

预热整形

1 将烘焙石板或空烤盘放入烤箱，将烤箱预热至250℃（或至烤箱能达到的最高温度）后再加热 15 分钟，让烘焙石板或空烤盘继续升温。

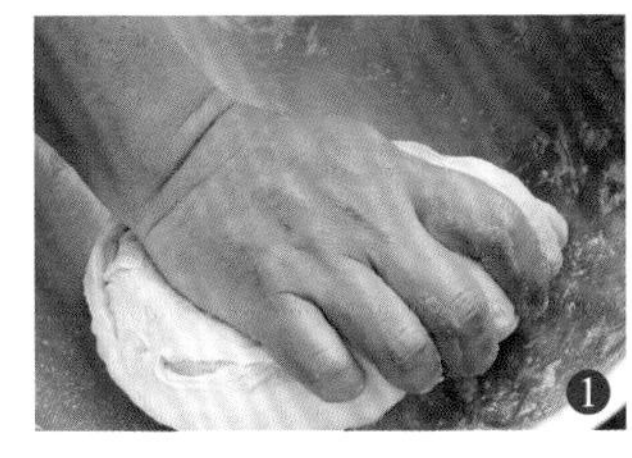

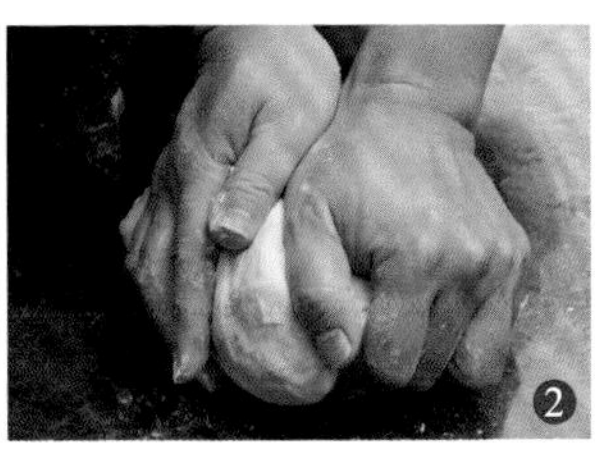

2 在工作台上撒些面粉，用手将面团整成直径约 23 cm、厚约 0.3 cm 的面饼（图❶、图❷和图❸），也可以用擀面杖擀开，将面饼移至烘焙纸上，扎些小孔（图❹），静置约 15 分钟。

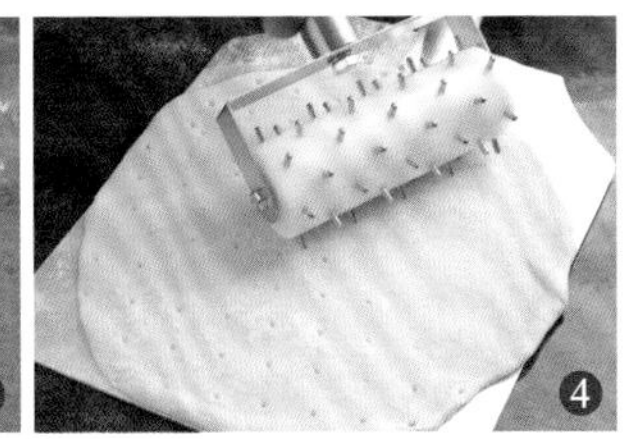

① 在工作台上备一盘高筋面粉或粗粒小麦粉，用作手粉（后面的配方皆同此）。——编者注

组装

3 先在面饼中心放上番茄酱，然后用汤匙背将酱料从面饼中心螺旋状抹开（图❺）。

4 将撕成两半的罗勒叶均匀铺在酱料上（图❻），在罗勒叶上放马苏里拉奶酪块（图❼）。

5 再淋些橄榄油（图❽）并根据个人口味撒适量盐和黑胡椒调味。

烘焙

6 将比萨放入烤箱烤5~10分钟或烤至面饼金黄香脆。

装饰

7 最后在烤好的比萨上放上罗勒叶做装饰即可。

1 新鲜马苏里拉奶酪富含水分，做馅料的话，要先去除多余的水分，这样比萨才不会变得湿黏。可以提前把奶酪从冰箱中取出来，用厨房纸包好后放入容器中，这样水就会慢慢渗出；也可以把包装拆开加快水分渗出，若想使奶酪形状保持完整，也可用手挤出奶酪中的水分。

2 为什么用于做比萨的番茄酱不需要加热？一是番茄罐头加工时就已经加热过了；二是比萨烘焙时，酱料会被加热。若在制作酱料时再加热会使番茄的酸味减弱，还会让酱料过于浓稠，这样烘焙时酱料就有可能被烤焦。

2 CUP
1 ½

白比萨 直径约 10 cm 的圆饼 3 份

白比萨不涂抹番茄酱，只在面饼上搭配你喜欢的肉、奶酪和蔬菜，最后还要淋些橄榄油。此款比萨味道清爽，非常适合夏天食用。

原料

面团

标准比萨面团（第 011 页）……150 g

馅料

番茄……1/2 个（横向切成 3 片）

新鲜马苏里拉奶酪……30 g（掰成 3 块）

新鲜罗勒叶……2 片（切丝）

特级初榨橄榄油……适量

盐和黑胡椒……适量

做法

预热整形

1 将烘焙石板或空烤盘放入烤箱，将烤箱预热至250℃（或至烤箱能达到的最高温度）后再加热 15 分钟，让烘焙石板或空烤盘继续升温。

2 在工作台上撒上面粉，将面团均分为 3 份，滚圆后静置 15 分钟。

3 用手将面团推成直径约 10 cm 的圆面饼，用叉子在面饼上叉些小孔，静置约 15 分钟。

烘焙

4 将 3 个面饼移至撒了面粉的比萨铲上，然后放入烤箱烤 5~10 分钟或烤至面饼金黄香脆。

组装

5 把番茄片、新鲜马苏里拉奶酪块和罗勒叶丝依次放在烤好的白比萨上，再淋适量橄榄油并撒上盐和黑胡椒调味。

1 若没有烘焙石板与比萨铲搭配使用，为了安全起见，建议不要将空烤盘放入烤箱预热，可将整形完成的面饼直接移至烤盘上或直接在烤盘上整形，再将面饼连同烤盘一起送入烤箱。

2 盐的用量一般为面粉用量的 2%~4%，你也可以根据比萨馅料调整用量。例如，玛格丽特比萨馅料味道较淡，面团含盐量可以高一些；若馅料是较咸的香肠，面团含盐量就可低一些。

番茄莎莎比萨 约 9 in（23 cm）

这款经典的番茄莎莎比萨来自阿玛菲海岸的波西塔诺。波西塔诺离那不勒斯不远，那里盛产甜美多汁的番茄。番茄是这款比萨的主角。

原料

面团

- 标准比萨面团（第 011 页）……150 g

馅料

A. 番茄莎莎（2 个比萨的量）

- 番茄……120 g（约 2 个）
- 盐……1/4 小匙
- 蒜……1/2 瓣（切末）
- 特级初榨橄榄油……3 大匙
- 新鲜罗勒叶……2 片（切碎）
- 干牛至……1 小撮
- 新鲜欧芹……1 小束（切碎）
- 小黄瓜，切丁……1 大匙
- 盐和黑胡椒……适量

B. 其他馅料

- 现刨帕尔马奶酪屑……适量

装饰

- 新鲜罗勒叶……适量

做法

制作馅料

1 制作番茄莎莎。准备一小锅水，煮沸关火，在番茄表皮上划一个十字，放进沸水中烫约 1 分钟，待表皮变皱后取出，去皮、去籽、切丁。

2 将盐拌入番茄丁后，移入滤网静置约 20 分钟，滤出汁液，将番茄丁装入大碗中，再加入蒜末并拌匀，最后加入其他原料混合均匀，静置 2 小时以上，使原料充分融合在一起。番茄莎莎做好后，至少可冷藏保存 3 天。

预热整形

3 将烘焙石板或空烤盘放入烤箱，将烤箱预热至250℃（或至烤箱能达到的最高温度）后再加热 15 分钟，让烘焙石板或空烤盘继续升温。

4 在工作台上撒些面粉，用擀面杖将面团擀成直径约 23 cm、厚约 0.3 cm 的圆形面饼，也可以用双手推开面团。将面饼移至烘焙纸上，用叉子在面饼上叉些小孔，静置约 15 分钟。

烘烤

5 将比萨放入烤箱烤 5~10 分钟或烤至面饼金黄香脆。

组装

6 在烤好的比萨上放 4 大匙番茄莎莎，再放适量现刨帕尔马奶酪屑。

装饰

7 最后用罗勒叶装饰即可。

TIPS!

帕尔马奶酪有许多种类，帕米吉亚诺奶酪（parmigiano reggiano）是品质最好的帕尔马奶酪。本书的配方均建议用现刨（磨）帕尔马奶酪屑，现刨（磨）的味道更好。用市售帕尔马奶酪粉亦可，但风味与口感会差一些。

香蒜迷迭香比萨

约 13 cm × 26 cm 的长方形比萨（或约 4 cm × 20 cm 的椭圆形比萨）

一般认为佛卡夏面包（又扁又厚的面包上点缀着咸香的芳香植物和香料）是比萨的前身，而这款比萨仿佛是佛卡夏面包变身为比萨的过渡版。

原料

面团

- 标准比萨面团（第 011 页）……150 g

酱料

香蒜酱

- 蒜……3 瓣
- 盐和黑胡椒……适量
- 特级初榨橄榄油……2 大匙

馅料

- 马苏里拉奶酪丝……1/2 量杯
- 新鲜马苏里拉奶酪……45 g（撕成块）
- 油浸蒜瓣……4 瓣（均对半切开）
- 新鲜迷迭香叶……2 大匙
- 盐和黑胡椒……适量

做法

预热整形

1 将烘焙石板或空烤盘放入烤箱，将烤箱预热至 250℃（或至烤箱能达到的最高温度）后再加热 15 分钟，让烘焙石板或空烤盘继续升温。

2 在工作台上撒些面粉，用擀面杖将面团擀成长约 26 cm、宽约 13 cm、厚约 0.3 cm 的面饼，移至烘焙纸上，用叉子在面饼上叉些小孔，静置约 15 分钟。

制作酱料

3 制作香蒜酱：蒜切碎，撒一些盐在蒜上，用刀背压成泥状放入碗中，再加入适量黑胡椒与橄榄油，搅拌均匀制成香蒜酱。

组装

4 将香蒜酱均匀涂抹在面饼上，再铺上马苏里拉奶酪丝、新鲜马苏里拉奶酪块、油浸蒜瓣和迷迭香叶，若有需要可再撒适量盐和黑胡椒调味。

烘焙

5 将比萨放入烤箱烤 5~10 分钟或烤至面饼金黄香脆。

香蒜酱还可以用研磨棒和研磨钵制作：将蒜稍微切一切，然后和盐一起放入钵中，将蒜捣成泥后拌入黑胡椒和橄榄油即可。

油浸蒜瓣

油浸过的蒜可用于做各种菜肴，有蒜香味的橄榄油能给菜肴增添风味，可用于搭配比萨、淋在意大利面上或拌沙拉，可以多做一些备用。

原料

蒜 1 量杯，特级初榨橄榄油 1 量杯

做法

蒜瓣和橄榄油放入小锅中，用小火加热约 1 小时或加热至蒜瓣香软，千万不要把油煮滚了。

低温加热的大蒜，吃了不会满嘴蒜味。装在密封罐中，冷藏条件下，可保存 3 个月。

马瑞纳瑞比萨 约 9 in（23 cm）

17 世纪，有个那不勒斯水手的妻子马瑞纳瑞在替即将远航的丈夫准备食物时，别出心裁地在味道单一的面包上放了番茄与芳香植物，这种做法被当地的烘焙师仿效，后来就有了这款水手风的马瑞纳瑞比萨。

原料

面团
- 标准比萨面团（第 011 页）……150 g

酱料
- 简易冷制番茄酱（第 018 页）……3 大匙
- 蒜……1 瓣（切末）
- 普通橄榄油……1 大匙

馅料
- 普通橄榄油……1 大匙
- 干牛至……1/2 小匙
- 烤香蒜……3 瓣
- 盐和黑胡椒……适量

装饰
- 新鲜罗勒叶……3 片

做法

预热整形

1 将烘焙石板或空烤盘放入烤箱，将烤箱预热至250℃（或至烤箱能达到的最高温度）后再加热 15 分钟，让烘焙石板或空烤盘继续升温。

2 在工作台上撒些面粉，用擀面杖将面团擀成直径约 23 cm、厚约 0.3 cm 的面饼，也可以用双手推开面团。将面饼移至烘焙纸上，用叉子叉些小孔，静置约 15 分钟。

制作酱料

3 小锅中放入 1 大匙橄榄油，小火加热，下蒜末煎至略呈金黄色，再拌入番茄酱即可关火。

组装

4 将步骤 3 做好的酱料舀到面饼上，用汤匙背均匀地涂抹开，面饼边缘留出约 2 cm 宽的区域不要涂抹酱料。

5 淋上 1 大匙橄榄油，撒上干牛至、3 瓣烤香蒜、适量盐和黑胡椒调味。

烘焙和装饰

6 将比萨放入烤箱烤 5~10 分钟或烤至比萨面饼金黄香脆。最后用罗勒叶装饰。

烤香蒜

原料

未剥皮的蒜 1 头，特级初榨橄榄油适量

做法

1 在一张锡纸上放上未剥皮的蒜，淋上橄榄油（图❶），用锡纸把蒜包好（图❷），放入预热至 180℃的烤箱烤约 30 分钟或烤至蒜香软。

2 放凉后，把蒜瓣从外皮中挤出来（图❸）即可使用。

1

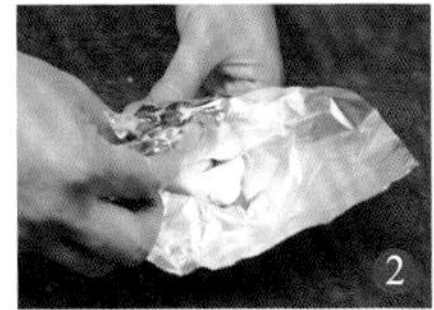
2

3

佛伦提那比萨 约 9 in（23 cm）

佛伦提那比萨又称菠菜鸡蛋比萨。意大利中北部山区的畜牧业兴盛，肉品与奶制品优良，种类丰富，因此这款放了奶酪、培根、新鲜菠菜与鸡蛋的比萨，自然会成为意大利中北部比萨店中的主角。

原料

面团

| 标准比萨面团（第 011 页）…… 150 g

酱料

| 简易冷制番茄酱（第 018 页）…… 3 大匙

馅料

| 菠菜叶 …… 45 g
| 马苏里拉奶酪丝 …… 45 g
| 培根 …… 适量
| 鸡蛋 …… 1 个
| 特级初榨橄榄油 …… 适量
| 盐和黑胡椒 …… 适量

装饰

| 现刨帕尔马奶酪屑 …… 适量

做法

预热整形

1 将烘焙石板或空烤盘放入烤箱，将烤箱预热至250℃（或至烤箱能达到的最高温度）后再加热 15 分钟，让烘焙石板或空烤盘继续升温。

2 在工作台上撒些面粉，用擀面杖将面团擀成直径约 23 cm、厚约 0.3 cm 的圆形面饼，也可以用双手推开面团。将面饼移至烘焙纸上，用叉子在面饼上叉些小孔，静置约 15 分钟。

组装

3 在面饼中心放上番茄酱，然后用汤匙背将酱料从面饼中心螺旋状抹开。

4 将菠菜叶洗净、沥干后铺在酱料上，依次把马苏里拉奶酪丝和培根放在面饼上，然后在面饼中心打一个生鸡蛋，再淋上橄榄油并根据个人口味撒适量盐和黑胡椒调味。

烘焙

5 将比萨移入烤箱烤 5~10 分钟或烤至面饼金黄香脆。

装饰

6 取出比萨，撒上现刨帕尔马奶酪屑。

如果想吃半熟鸡蛋，可在烘焙过程中取出比萨，打上鸡蛋后继续烘焙。

奶酪四骑士比萨

约 9 in（23 cm）

对奶酪爱好者来说，还有什么比搭配了各式香浓奶酪的比萨更好吃呢？暂时忘记比萨馅料“少即是多”的原则，尽情加入你喜爱的各式奶酪去创造你的专属比萨吧！

原料

面团

原料	用量
标准比萨面团（第 011 页）	150 g

馅料

原料	用量
马苏里拉奶酪丝	45 g
蓝纹奶酪	20 g
切达奶酪	20 g
现刨帕尔马奶酪屑	20 g
蒜末	1/2 小匙
盐和黑胡椒	适量
干辣椒籽或红椒粉	适量

做法

预热整形

1. 将烘焙石板或空烤盘放入烤箱，将烤箱预热至 250℃（或至烤箱能达到的最高温度）后再加热 15 分钟，让烘焙石板或空烤盘继续升温。
2. 在工作台上撒些面粉，用擀面杖将面团擀成直径约 23 cm、厚约 0.3 cm 的圆形面饼，也可以用双手推开面团。将面饼移至烘焙纸上，用叉子在面饼上叉些小孔，静置约 15 分钟。

组装 1

3. 在面饼上铺一层马苏里拉奶酪丝，边缘留一些区域不放。

烘焙 1

4. 把比萨移入烤箱烘焙至奶酪熔化、面饼稍上色。

组装 2

5. 取出比萨，依次铺上蓝纹奶酪和切达奶酪，然后撒上蒜末并根据个人口味撒适量盐和黑胡椒调味。

烘焙 2

6. 将比萨再次放入烤箱烤 3~5 分钟或烤至面饼金黄香脆。

组装 3

7. 取出比萨，趁热撒上现刨帕尔马奶酪屑，再撒适量干辣椒籽或红椒粉即可。

若不太习惯蓝纹奶酪的浓烈香味，你也可以用你喜欢的其他奶酪来代替。帕尔马奶酪一般加在刚出炉的比萨上，不过你也可以尝试和其他奶酪一起加在面饼上烤。

菌菇熏奶酪比萨

约 9 in（23 cm）

烟熏奶酪搭配来自森林幽静处的菌菇，融合出别样的芬芳。

原料

面团

标准比萨面团（第 011 页）……150 g

馅料

A. 菌菇馅

- 黑、白蟹味菇……各 15 g
- 特级初榨橄榄油……1 小匙
- 无盐黄油……1 小匙
- 新鲜百里香叶……1 小匙
- 巴萨米克醋……1 小匙
- 盐……适量

B. 其他馅料

- 特级初榨橄榄油……适量
- 新鲜罗勒叶……3 片（撕碎）
- 自制烟熏奶酪……20 g
- 新鲜马苏里拉奶酪……45 g（掰成 6 块）

做法

制作馅料

1 制作菌菇馅：将 1 小匙橄榄油与黄油放入锅中，中小火加热，倒入一根一根掰开的蟹味菇稍微翻炒一下，再加入百里香叶与巴萨米克醋，盖上锅盖焖 2~3 分钟至蟹味菇熟软，加适量盐调味。将蟹味菇移至滤网上滤掉多余的汁液，放凉备用。

预热整形

2 将烘焙石板或空烤盘放入烤箱，将烤箱预热至250℃（或至烤箱能达到的最高温度）后再加热 15 分钟，让烘焙石板或空烤盘继续升温。

3 在工作台上撒些面粉，用擀面杖将面团擀成直径约 23 cm、厚约 0.3 cm 的圆形面饼，也可以用双手推开面团。将面饼移至烘焙纸上，用叉子在面饼上叉些小孔，静置约 15 分钟。

组装

4 在面饼上淋适量橄榄油，再放上罗勒叶，接着铺上菌菇馅（面饼边缘不放），再将烟熏奶酪和新鲜马苏里拉奶酪块放在面饼上。

烘焙

5 将比萨移入烤箱烤 5~10 分钟或烤至面饼金黄香脆。

TIPS!

菇类本身富含水分，制作时容易出水，切勿浸泡或冲洗，以免吸收更多的水分。若须清洗可用湿毛巾轻轻擦拭。做好的菌菇馅务必滤掉多余的汁液，以免面饼变湿、变黏。

自制烟熏奶酪

原料

马苏里拉奶酪 125 g，大片茶叶或稻草 10 g

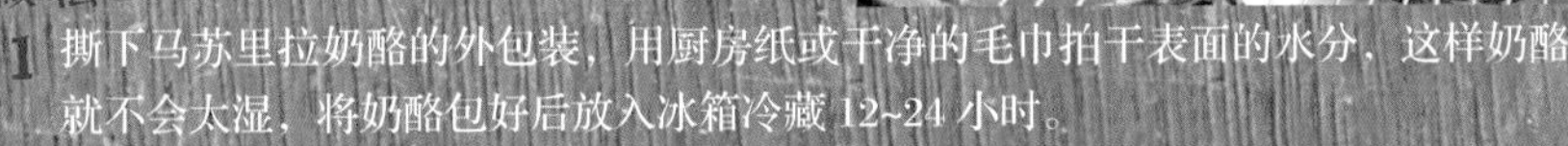

做法

1 撕下马苏里拉奶酪的外包装，用厨房纸或干净的毛巾拍干表面的水分，这样奶酪就不会太湿，将奶酪包好后放入冰箱冷藏 12~24 小时。

2 将茶叶或稻草放入炒锅中（图❶），加盖密封，以免烟外泄。

3 将炒锅放到燃气灶上加热数分钟，让炒锅内产生大量的烟。

4 奶酪取下包装放在铁网上，迅速揭开盖子，将奶酪连同铁网一起放入炒锅中（图❷），再迅速盖上盖子。

5 15 分钟后将奶酪连同铁网一起取出，重复步骤 3 和步骤 4，然后将奶酪在炒锅中静置 20 分钟即可取出。

TIPS!

也可试试用芳香植物如迷迭香或百里香代替茶叶制造烟熏的香味。

那不勒斯比萨 约 9 in（23 cm）

一直以来，只有马瑞纳瑞比萨与玛格丽特比萨是得到那不勒斯比萨协会认证的，直到 2010 年，比萨协会才接受这款用那不勒斯的三大特色原料——酸豆、橄榄和鳀鱼制作的那不勒斯比萨。

原料

面团

经典那不勒斯比萨面团（第 015 页）……150 g

酱料

简易冷制番茄酱（第 018 页）……3 大匙，或番茄罐头 45 g

馅料

马苏里拉奶酪丝……45 g

油浸鳀鱼……2 条（切丁）

黑橄榄……6 颗

酸豆……1/2 大匙

盐和黑胡椒……适量

特级初榨橄榄油……适量

装饰

特级初榨橄榄油……适量

做法

预 热 整 形

1 将烘焙石板或空烤盘放入烤箱，将烤箱预热至 250℃（或至烤箱能达到的最高温度）后再加热 15 分钟，让烘焙石板或空烤盘继续升温。

2 在工作台上撒些面粉，用擀面杖将面团擀成直径约 23 cm、厚约 0.3 cm 的圆形面饼，也可以用双手推开面团。将面饼移至烘焙纸上，用叉子在面饼上叉些小孔，静置约 15 分钟。

组 装

3 先在面饼中心放上番茄酱，然后用汤匙背将酱料从面饼中心螺旋状抹开。

4 再分别放上马苏里拉奶酪丝、鳀鱼丁、橄榄和酸豆，淋上适量橄榄油并根据个人口味撒适量盐和黑胡椒调味。

烘 焙

5 将比萨移入烤箱烤 5~10 分钟或烤至面饼金黄香脆。

装 饰

6 最后在烤好的比萨上再淋适量橄榄油。

蘑菇火腿奶酪三重奏比萨

约 9 in（23 cm）

蘑菇和火腿一直是很受欢迎的两种比萨原料，可以说是老少皆宜的经典组合，如果再加上里科塔奶酪——衬托其他原料的最佳绿叶，最后再用浓缩意大利陈年葡萄醋提味，美妙滋味由此而生！

原料

面团

经典那不勒斯比萨面团（第015页）……150 g

酱料

简易冷制番茄酱（第018页）……3大匙

馅料

A. 烤蘑菇片

- 蘑菇……45 g（切片）
- 特级初榨橄榄油……2小匙
- 盐和黑胡椒……适量

B. 里科塔奶酪酱

- 里科塔奶酪……3大匙
- 鲜牛奶……1小匙

C. 其他馅料

- 新鲜牛至叶……1大匙（干的用1小匙）
- 油浸蒜瓣（第033页）……2小匙
- 马苏里拉奶酪丝……45 g
- 火腿片……45 g
- 盐和黑胡椒……适量
- 浓缩意大利陈年葡萄醋……适量

装饰

新鲜牛至叶（可选）……适量

做法

制作馅料和预热整形

1 烤蘑菇片：将烘焙石板或空烤盘放入烤箱，然后将烤箱预热至180℃，将蘑菇片摆放在另一个烤盘上，刷上橄榄油，撒适量盐和黑胡椒调味。放入烤箱烤3~5分钟或烤至蘑菇片稍上色并变软，取出放凉备用。

2 将烤箱温度调至250℃（或至烤箱能达到的最高温度），达到预设温度后再加热15分钟，让烘焙石板或空烤盘继续升温。

3 制作里科塔奶酪酱：将B中的所有原料都放入大碗中并搅拌至质地绵密。

4 在工作台上撒些面粉，用擀面杖将面团擀成直径约23 cm、厚约0.3 cm的面饼，也可以用双手推开面团。将面饼移至烘焙纸上，用叉子叉些小孔，静置约15分钟。

组装 1

5 先在面饼中心放上番茄酱，然后用汤匙背将酱料从面饼中心螺旋状抹开。

6 撒上牛至叶，依次放上油浸蒜瓣和马苏里拉奶酪丝，用汤匙将里科塔奶酪酱分次舀在馅料上，再放上蘑菇片和火腿片并根据个人口味撒适量盐和黑胡椒调味。

烘焙

7 将比萨移入烤箱烤5~10分钟或烤至比萨面饼金黄香脆。

组装 2

8 淋上浓缩意大利陈年葡萄醋即可食用。

装饰

9 也可撒上牛至叶做装饰。

品质较好的里科塔奶酪质地较干硬，建议使用时加些鲜牛奶拌成糊状。若买到的里科塔奶酪较湿润，可直接使用。

浓缩意大利陈年葡萄醋

原料

巴萨米克醋1量杯

做法

1 将巴萨米克醋倒入小锅中用中大火加热，煮滚后要不断搅拌以免糊锅。

2 火调小一些，不时搅拌，煮至醋量减至1/3即可，此时醋的味道更甜，质地更浓稠。

3 待醋冷却后，可放入冰箱冷藏保存3个星期以上。

蒜香茄子比萨

约 9 in（23 cm）

茄丁酱是西西里的一款经典酱料，它以茄子为主，可搭配其他蔬菜。制作时，先将酸豆、洋葱和蒜等炒香，再放入茄丁和番茄，最后还要撒一些松仁。

原料

面团

经典那不勒斯比萨面团（第015页）……150 g

酱料

简易冷制番茄酱（第018页）……3大匙

馅料

A. 烤茄片

大圆茄子……1/4个（切圆片）

盐……适量

普通橄榄油……适量

B. 茄丁酱

酸豆……1小匙

洋葱……1/8个（切丁）

蒜……1瓣（切末）

松仁……1小匙

普通橄榄油……3大匙

大圆茄子……1/4个（切大丁）

番茄……1/3个（切丁）

C. 其他馅料

番茄……2/3个（切圆片）

新鲜罗勒叶……2片（撕碎）

马苏里拉奶酪丝……45 g

干辣椒籽……适量

盐和黑胡椒……适量

辣椒油……适量

装饰

新鲜罗勒叶……适量

做法

制作馅料和预热整形

1 制作烤茄片：把烘焙石板放入烤箱后将烤箱预热至200℃，将茄片放入另一个烤盘，刷适量橄榄油，撒盐，放入烤箱烤至稍上色并变软，取出放凉备用。

2 将酸豆放在水中泡半小时以去除咸味；若酸豆不咸，洗净沥干即可。

3 用平底锅干炒松仁至金黄香熟，因松仁含油量高，加热时要特别留意，别炒焦了。

4 制作茄丁酱。锅中倒入3大匙橄榄油以小火加热，先加入酸豆，低温煎5分钟，再加入洋葱丁炒至香软，然后加入蒜末翻炒1分钟，接着放入茄丁炒软，然后拌入番茄丁煮1分钟。关火，让食材的味道充分融合在一起，最后撒上松仁。

5 将烘焙石板或空烤盘放入烤箱，将烤箱预热至250℃（或至烤箱能达到的最高温度）后再加热15分钟，让烘焙石板或空烤盘继续升温。

6 在工作台上撒些面粉，用擀面杖将面团擀成直径约23 cm、厚约0.3 cm的面饼，也可以用双手推开面团。将面饼移至烘焙纸上，用叉子叉些小孔，静置约15分钟。

组装和烘焙

7 先在面饼中心放上番茄酱，然后用汤匙背将酱料螺旋状抹开。

8 加上碎罗勒叶、番茄片、烤茄片和马苏里拉奶酪丝，撒干辣椒籽、盐和黑胡椒调味。

9 将比萨移入烤箱烤5~10分钟或烤至面饼金黄香脆。

10 取出比萨，趁热淋上辣椒油，然后在比萨上均匀铺上茄丁酱。

装饰

11 撒上罗勒叶装饰即可。

辣椒油

原料

水2大匙，辣椒30 g，红椒粉1/2小匙，盐1/4小匙，黑胡椒1/4小匙，普通橄榄油1量杯

做法

1 将水、辣椒、红椒粉、盐和黑胡椒放于小锅中，中火加热30秒。

2 倒入橄榄油煮开，转小火再煮1分钟。辣椒油倒入玻璃密封罐，完全冷却后加盖密封。

1 一般而言，越小的辣椒越辣。通常我们只使用辣椒油，若你喜欢吃辣，也可使用里面的辣椒。

2 室温条件下，可保存2个星期；冷藏条件下，可保存3个月。

意大利肉丸比萨

约 9 in（23 cm）

肉丸似乎是世界各地，特别是文明古国（比如意大利）的人们都爱吃的美食。肉丸除了可以煎、炸、炖着吃之外，还可以用于制作意大利面和三明治，当然也可以用于制作比萨！

原料

面团

经典那不勒斯比萨面团（第 015 页）……150 g

馅料

A. 意大利肉丸

- 简易冷制番茄酱（第 018 页）……220 g
- 面包丁……1/2 量杯
- 蛋黄……1 个
- 油浸蒜瓣（第 033 页）……1 大匙
- 猪肉馅……100 g
- 牛肉馅……100 g
- 香肠肉馅……50 g
- 帕尔马奶酪末……30 g
- 盐和黑胡椒……适量
- 新鲜欧芹叶（切碎）……1 大匙

B. 其他馅料

- 新鲜马苏里拉奶酪……60 g
- 新鲜罗勒叶……2 片（撕碎）
- 盐和黑胡椒……适量

装饰

- 现刨帕尔马奶酪屑……适量
- 新鲜欧芹叶……适量（切碎）

做法

制 作 馅 料

1 制作意大利肉丸。用叉子混合面包丁和蛋黄（图❶），再加入意大利肉丸中的其他原料并混合均匀（图❷），用双手蘸水团出数个 2~3 cm 的小肉丸（图❸）。

2 平底锅里倒入番茄酱煮开，将肉丸摆放在锅中煮 6~8 分钟（图❹），煮的过程中可轻轻摇晃平底锅让肉丸均匀受热。

预 热 整 形

3 将烘焙石板或空烤盘放入烤箱，将烤箱预热至250℃（或至烤箱能达到的最高温度）后再加热 15 分钟，让烘焙石板或空烤盘继续升温。

4 在工作台上撒些面粉，用擀面杖将面团擀成直径约23 cm、厚约0.3 cm的圆形面饼，也可以用双手推开面团。将面饼移至烘焙纸上，用叉子在面饼上叉些小孔，静置约 15 分钟。

组 装

5 取 6 个蘸有番茄汤汁的肉丸放在面饼上，再放上罗勒叶和新鲜马苏里拉奶酪，最后撒适量盐和黑胡椒调味。

烘 焙

6 将比萨移入烤箱烤 5~10 分钟或烤至面饼金黄香脆。

装 饰

7 最后撒适量现刨帕尔马奶酪屑和欧芹叶做装饰。

面包丁切小一些，小一点儿的面包丁更容易吸收蛋液，也方便和其他原料混合。

卡布里亚恶魔比萨 约 9 in（23 cm）

意大利南部的人口味一向偏咸、偏辣，跟辣有关的食物几乎都来自意大利南部的普利亚、卡布里亚和西西里。香辣口味的卡布里亚恶魔比萨就是卡布里亚的代表性美食之一。

原料

面团

经典那不勒斯比萨面团（第 015 页）……150 g

酱料

简易冷制番茄酱（第 018 页）……3 大匙

馅料

干牛至……1/2 小匙

油浸辣椒……2 根（切段）

马苏里拉奶酪丝……60 g

盐和黑胡椒……适量

辣味萨拉米香肠……6 大片

蒜末……1 小匙

辣椒油（第 047 页）……2 小匙

现刨帕尔马奶酪屑……适量

干辣椒籽……适量

做法

预热整形

1 将烘焙石板或空烤盘放入烤箱，将烤箱预热至 250℃（或至烤箱能达到的最高温度）后再加热 15 分钟，让烘焙石板或空烤盘继续升温。
2 在工作台上撒些面粉，用擀面杖将面团擀成直径约 23 cm、厚约 0.3 cm 的圆形面饼，也可以用双手推开面团。将面饼移至烘焙纸上，用叉子在面饼上叉些小孔，静置约 15 分钟。

组装和烘焙

3 在面饼中心放上番茄酱，然后用汤匙背将酱料从面饼中心螺旋状抹开，再撒上干牛至。
4 依次放上油浸辣椒段和马苏里拉奶酪丝，并根据个人口味撒适量盐和黑胡椒调味。
5 将比萨放入烤箱烤 3~5 分钟或烤至奶酪熔化、面饼稍上色即可取出。
6 在比萨上铺一层辣味萨拉米香肠片，撒上蒜末并根据个人口味撒适量盐和黑胡椒，再将比萨放入烤箱烤 3~5 分钟或烤至面饼金黄香脆。
7 趁热淋上辣椒油，在烤好的比萨上撒适量现刨帕尔马奶酪屑，最后再撒适量干辣椒籽。

油浸辣椒

原料

红色大辣椒 150 g，普通橄榄油 150 g

做法

1 将辣椒与橄榄油放在小锅中，小火加热约 1 小时或加热至辣椒香软。
2 将辣椒油放凉后倒入密封罐。室温条件下，可保存 2 个星期；冷藏条件下，可保存 3 个月。

通常越大的辣椒越不辣。若还是担心太辣，可把辣椒切开、去除辣椒籽。

土豆鳀鱼比萨

约 9 in（23 cm）

做菜时有一个规则，淀粉类食材不宜一起煮，但来自澎湖的金瓜炒米粉却是一道美味。我相信尝过这款土豆鳀鱼比萨后，你也会有同感。关键原料在于香气浓郁的迷迭香和咸香的鳀鱼，这两种原料让土豆片和比萨薄饼搭配得恰到好处。

原料

面团

经典那不勒斯比萨面团（第015页）……150 g

馅料

- 特级初榨橄榄油……1.5小匙
- 土豆……60 g（去皮切片）
- 里科塔奶酪……3大匙
- 鲜牛奶……1小匙
- 油浸蒜瓣（第033页）……2小匙
- 油浸鳀鱼……2条（切丁）
- 意大利陈年葡萄醋浸洋葱……45 g
- 马苏里拉奶酪丝……45 g
- 新鲜马苏里拉奶酪……45 g（撕成4块）
- 新鲜迷迭香……2枝（用叶子）
- 盐和黑胡椒……适量

做法

制作馅料

1 土豆切片，放入加了盐的滚水中煮约1分钟，取出立即放到冷水中浸泡一会儿，然后并排放在干净毛巾或厨房纸上把多余的水分吸收掉。

预热整形

2 将烘焙石板或空烤盘放入烤箱，将烤箱预热至250℃（或至烤箱能达到的最高温度）后再加热15分钟，让烘焙石板或空烤盘继续升温。

3 在工作台上撒些面粉，用擀面杖将面团擀成直径约23 cm、厚约0.3 cm的圆形面饼，也可以用双手推开面团。将面饼移至烘焙纸上，用叉子在面饼上叉些小孔，静置约15分钟。

组装

4 将里科塔奶酪、鲜牛奶、油浸蒜瓣和油浸鳀鱼丁混合均匀，然后将混合物均匀涂抹在刷了橄榄油的面饼上。

5 在面饼上放上葡萄醋浸洋葱、马苏里拉奶酪丝，再放一层土豆片并在土豆片上刷一层橄榄油，然后放上新鲜马苏里拉奶酪块和迷迭香并撒上适量盐和黑胡椒调味。

烘焙

6 将比萨移入烤箱烤5~10分钟或烤至比萨面饼金黄香脆。

土豆可带皮切成小块，并排放在烤盘中，淋一些橄榄油并撒上盐与黑胡椒调味，然后放入烤箱烤20~30分钟。

意大利陈年葡萄醋浸洋葱

原料

特级初榨橄榄油2大匙，大个洋葱1个（切丝），砂糖80 g，巴萨米克醋160 g

做法

1 将橄榄油倒入厚底的小煮锅中用中大火加热，加入洋葱丝翻炒5分钟或炒至洋葱呈焦糖色（图❶）。

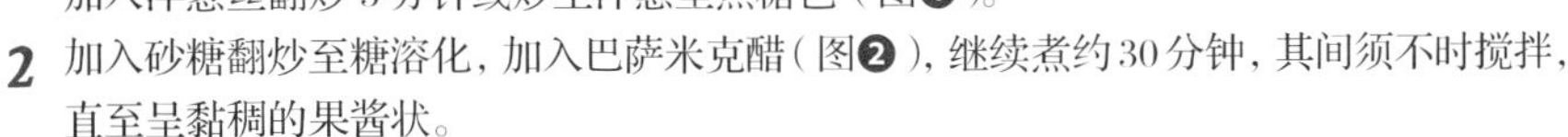

2 加入砂糖翻炒至糖溶化，加入巴萨米克醋（图❷），继续煮约30分钟，其间须不时搅拌，直至呈黏稠的果酱状。

3 趁热将意大利陈年葡萄醋浸洋葱放入玻璃罐中并加盖密封，完全冷却后放入冰箱，冷藏条件下，可保存1个星期以上。

可使用黄砂糖，这样酱料的颜色会更深。

纽黑文蛤蜊比萨 约 9 in（23 cm）

20 世纪早期都用烧煤的烤炉来烤比萨，炉温可达 400℃，至今美国纽黑文地区的许多比萨店仍以使用这种传统烤炉为傲。20 世纪 60 年代，美国知名老比萨店佛兰克 · 佩佩（Frank Pepe's）的这款蛤蜊口味的比萨曾在当地大受欢迎。

原料

面团

原料	用量
纽约西西里比萨面团（第 016 页）	180 g

馅料

原料	用量
培根	2 片（切成 2 cm 宽的条）
普通橄榄油	2 大匙
蒜	1 瓣（切片）
洋葱末	1 大匙
白酒	90 ml
新鲜欧芹叶（切碎）	2 小匙
蛤蜊	18 个
干牛至	1 小匙
马苏里拉奶酪丝	60 g
盐和黑胡椒	适量
现刨帕尔马奶酪屑	适量
干辣椒籽	适量

装饰

原料	用量
欧芹叶	适量

做法

预热整形

1 将烘焙石板或空烤盘放入烤箱，将烤箱预热至250℃（或至烤箱能达到的最高温度）后再加热 15 分钟，让烘焙石板或空烤盘继续升温。

2 在工作台上撒些面粉，用擀面杖将面团擀成直径约 23 cm、厚约 0.3 cm 的圆形面饼，也可以用双手推开面团。将面饼移至烘焙纸上，用叉子在面饼上叉些小孔，静置约 15 分钟。

组装 1

3 炒锅加热，放入培根条干炒至微焦，然后盛出吸油。倒掉锅中的油。使用同一炒锅，倒入 2 大匙橄榄油并加热，放入蒜片中小火煎至略微金黄，盛出后放在纸巾上吸油。

4 将洋葱末放入锅中炒香、炒软，再倒入白酒煮沸，接着加入欧芹叶和蛤蜊，盖上盖子煮 1~2 分钟或煮至蛤蜊壳半开，留 8 个带壳蛤蜊备用，其余蛤蜊去壳，留下蛤蜊肉备用。将锅中剩余汤汁加热收汁至汁水的量减少约 1/2 即可关火，盛出备用。

5 在面饼上撒上牛至，再放上马苏里拉奶酪丝、蛤蜊肉、培根条和蒜片，并根据个人口味撒适量盐和黑胡椒调味。

烘焙

6 将比萨移入烤箱烤 5~10 分钟或烤至比萨面饼金黄香脆。锅中加入带壳蛤蜊和步骤 4 的汤汁一起加热。

组装 2

7 在比萨上放上带壳蛤蜊并趁热淋上一些汤汁。撒适量现刨帕尔马奶酪屑在比萨上，然后撒上干辣椒籽即可。

装饰

8 最后用欧芹叶装饰。

底特律红料比萨 约 10 in（26 cm）

20 世纪 40 年代，底特律巴迪瑞迪威比萨店的老板格斯·格拉发明了一种在膨松的方形厚比萨面饼烤着香脆奶酪的新型招牌比萨。这款经典比萨面饼厚且膨松，可用铸铁煎锅制作，别有一番风味。

原料

面团

- 纽约西西里比萨面团（第 016 页）……300 g

酱料

番茄酱

- 番茄罐头……180 g
- 番茄膏……60 g
- 特级初榨橄榄油……2 小匙
- 盐……适量
- 干牛至……1 小撮

馅料

- 无盐黄油……1 小匙
- 普通橄榄油……1 大匙
- 马苏里拉奶酪丝……100 g
- 白切达奶酪丝……100 g
- 羊奶奶酪……适量（切碎）
- 新鲜牛至叶……适量
- 蒜油……适量

做法

预热整形

1. 将烘焙石板或空烤盘放入烤箱，将烤箱预热至250℃（或至烤箱能达到的最高温度）后再加热 15 分钟，让烘焙石板或空烤盘继续升温。
2. 在铸铁煎锅的内壁与底部涂抹一层软化的无盐黄油，再淋上普通橄榄油。
3. 在工作台和面团表面撒上面粉，将面团移至铸铁煎锅中，用手指将面团推开至铺满煎锅底部，不必用保鲜膜盖住煎锅，在室温下静置 1~1.5 小时。

制作馅料

4. 制作番茄酱：将所有制作番茄酱的原料放入果汁机或食物料理机中搅打均匀，然后倒入锅中备用。

组装和烘焙

5. 将步骤 3 的面饼放入烤箱烤 3~5 分钟或烤至面饼稍上色。
6. 在烤好的面饼上均匀撒上马苏里拉奶酪丝，面饼边缘也要撒上，在面饼边缘再撒 80 g 切达奶酪丝，剩余的 20 g 均匀撒在比萨中心。
7. 将比萨放入烤箱烤 3~5 分钟或烤至比萨边缘的奶酪焦脆，其间把番茄酱煮开。
8. 用小抹刀小心地将比萨面饼与烤盘分开，将比萨切分好，再把番茄酱舀在面饼上并用汤匙背涂抹均匀，最后撒上羊奶奶酪碎和牛至叶并淋上蒜油。

蒜油

原料

蒜末 15 g，特级初榨橄榄油 120 g

做法

将蒜末与橄榄油放入玻璃密封罐中并混合均匀，然后放入冰箱冷藏 1~2 天即可。

羊奶奶酪不太好买，若买不到，可用希腊菲达奶酪（也是羊奶做的）代替或不加羊奶奶酪。

意大利生火腿芝麻叶比萨

约 9 in（23 cm）

这款比萨出自一位名叫劳拉·迈耶的美国女比萨师之手。当时她代表美国远赴意大利帕尔马参加世界比萨大赛，她在经典的魔鬼比萨（由马苏里拉奶酪、番茄酱和意大利萨拉米香肠制成）的基础上，加上了当地特产——帕尔马生火腿和帕尔马奶酪，再用微辣芝麻叶平衡风味鲜明的原料，最后一举夺冠。

原料

面团

组约西西里比萨面团（第 016 页）……180 g

酱料

经典热调番茄酱（第 019 页）……3 大匙

馅料

干牛至……适量

马苏里拉奶酪丝……50 g

萨拉米香肠……4 片

芝麻叶……1 小把

意大利生火腿……4 片

盐和黑胡椒……适量

现刨帕尔马奶酪屑……适量

特级初榨橄榄油……适量

做法

预热整形

1 将烘焙石板或空烤盘放入烤箱，将烤箱预热至250℃（或至烤箱能达到的最高温度）后再加热 15 分钟，让烘焙石板或空烤盘继续升温。

2 在工作台上撒些面粉，用擀面杖将面团擀成直径约 23 cm、厚约 0.3 cm 的圆形面饼，也可以用双手推开面团。将面饼移至烘焙纸上，用叉子在面饼上叉些小孔，静置约 15 分钟。

组装 1

3 先在面饼中心放上番茄酱，然后用汤匙背将酱料从面饼中心螺旋状抹开。在面饼上撒上干牛至，再放上马苏里拉奶酪丝和萨拉米香肠，并根据个人口味撒适量盐和黑胡椒调味。

烘焙

4 将比萨移入烤箱烤 5~10 分钟或烤至面饼金黄香脆，然后取出切分成 4 块。

组装 2

5 在 4 块比萨上各放适量芝麻叶和意大利生火腿，再撒适量现刨帕尔马奶酪屑，最后淋上特级初榨橄榄油。

阿啰哈夏威夷比萨

约 9 in（23 cm）

在我还是个孩子时，第一次吃到的比萨就是夏威夷比萨。夏威夷比萨老少皆宜，也是最早一批在面饼上加了水果的比萨。虽然它并不能入比萨信徒的眼，但却总有一批忠实粉丝。

原料

面团

纽约西西里比萨面团（第 016 页）……180 g

酱料

简易冷制番茄酱（第 018 页）……3 大匙

馅料

鸡胸肉……60 g（切成 2 cm 见方的丁）
夏威夷腌酱……适量
普通橄榄油……少许
马苏里拉奶酪丝……75 g
红洋葱……1/4 个（切条）
火腿……50 g（切成 1 cm 见方的丁）
新鲜菠萝肉……50 g（切成 1 cm 见方的丁）
玉米粒……1 大匙
红甜椒……（切成 1 cm 见方的丁）
盐和黑胡椒……适量

做法

制作馅料

1 先将鸡胸肉丁放入夏威夷腌酱中，密封后放入冰箱冷藏 2 小时以上，让鸡肉入味。

2 平底煎锅里淋上少许橄榄油并加热，放入鸡胸肉煎至表面微焦但未全熟，然后盛出备用。

预热整形

3 将烘焙石板或空烤盘放入烤箱，将烤箱预热至250℃（或至烤箱能达到的最高温度）后再加热 15 分钟，让烘焙石板或空烤盘继续升温。

4 在工作台上撒些面粉，用擀面杖将面团擀成直径约 23 cm、厚约 0.3 cm 的圆形面饼，也可以用双手推开面团。将面饼移至烘焙纸上，用叉子在面饼上叉些小孔，静置约 15 分钟。

组装

5 先在面饼中心放上番茄酱，然后用汤匙背将酱料从面饼中心螺旋状抹开。

6 放上马苏里拉奶酪丝、鸡胸肉丁、洋葱条、火腿丁、玉米粒、菠萝丁和红甜椒丁，并根据个人口味撒上适量盐和黑胡椒。

烘焙

7 最后将比萨移入烤箱烤 5~10 分钟或烤至面饼金黄香脆、奶酪冒泡，鸡肉不要烤得过老。

夏威夷腌酱

原料

蒜 1 瓣（切末），菠萝汁 110 g，植物油 4 大匙，酱油 1.5 大匙，砂糖 1 大匙

做法

将所有原料混合在一起搅拌均匀即可。

芝加哥番茄香肠深盘比萨

约 20 cm

1943 年，美国芝加哥乌诺比萨店的老板和主厨决定发明一款前所未有的新型比萨，于是深盘比萨诞生了。他们的徒子徒孙将新款比萨带到了其他城市和国家，之后衍生出更多版本，如薄脆版、加馅版、铸铁煎锅版等。不过，这些芝加哥风格的比萨面饼有个共同点就是酥脆，这是由面团中的两种原料玉米粉（由玉米粒磨成）与油脂（通常是奶油或猪油）决定的。与一般比萨最大的不同之处在于，它的面饼的香味与口感来自油脂而非酵母，因此口感介于比萨与派之间。

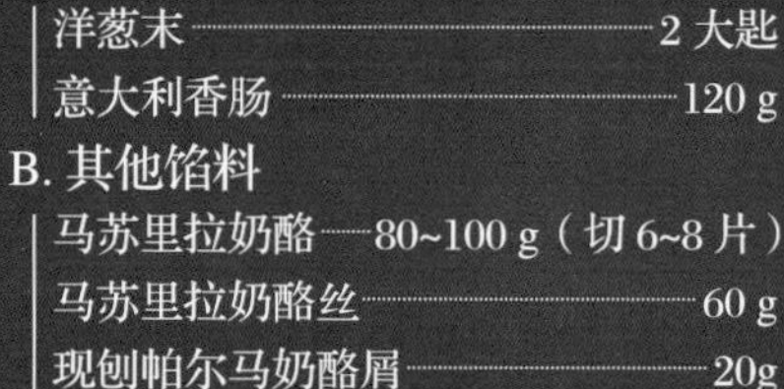

原料

面团

- 芝加哥深盘比萨面团（第 017 页）……250 g

酱料

- 芝加哥特制番茄酱（第 019 页）……6 大匙

馅料

A. 洋葱香肠馅

- 普通橄榄油……1 大匙（另备少许涂抹烤盘）
- 洋葱末……2 大匙
- 意大利香肠……120 g

B. 其他馅料

- 马苏里拉奶酪……80~100 g（切 6~8 片）
- 马苏里拉奶酪丝……60 g
- 现刨帕尔马奶酪屑……20g

做法

预热整形

1 先将烤箱预热至约 200℃。

2 在工作台上撒些面粉，用擀面杖将面团擀成直径约 24 cm、厚约 0.3 cm 的圆形面饼，也可以用双手推开面团。将面饼移至抹了橄榄油的深烤盘中，用手指按压边缘的面饼使其贴于烤盘内壁，并在面饼上用叉子叉些小孔，再用保鲜膜或浴帽盖住烤盘，静置约 20 分钟（图❶）。

❶

制作馅料

3 制作洋葱香肠馅：将橄榄油倒入锅中用中火加热，放入洋葱末炒香、炒软，再加入香肠翻炒至香肠外皮焦黄但未全熟，盛出（图❷），放在厨房纸上把油吸掉备用（图❸）。

❷

❸

组装

4 取下保鲜膜，把边缘塌下的面饼再贴回烤盘内壁。

5 在面饼上铺上马苏里拉奶酪片，奶酪片之间需重叠，尽量不露出面饼（图❹）。

6 铺上洋葱香肠馅，将番茄酱均匀涂抹在铺好的馅料上（图❺），最后撒上马苏里拉奶酪丝和现刨帕尔马奶酪屑（图❻）。

烘焙

7 将比萨移入烤箱烤 20~30 分钟或烤至面饼金黄香脆、奶酪冒泡，取出放 5~6 分钟后再切块食用。

TIPS! 也可以先铺洋葱香肠馅再撒马苏里拉奶酪丝，然后在奶酪丝上面涂抹番茄酱，最后撒上现刨帕尔马奶酪屑。

铸铁煎锅比萨

约 10 in（26 cm）

经典风味比萨的最后一款融合了芝加哥深盘、西西里和一点儿底特律风格，它的面饼是用芝加哥深盘比萨面团做的，在整形时采用了处理西西里面团时用手在烤盘中推开的方法，而面饼边缘的焦脆奶酪又体现了底特律比萨的风格。这种多次烘烤的方法可以让面饼口感较一般芝加哥深盘比萨更松软。

原料

面团

- 芝加哥深盘比萨面团（第 017 页）……375 g

酱料

- 经典热调番茄酱（第 019 页）……5 大匙

馅料

- 无盐黄油……1 小匙
- 普通橄榄油……1 大匙
- 红甜椒丝……40 g
- 盐和黑胡椒……适量
- 马苏里拉奶酪片……30 g
- 意大利香肠……75 g（切圆片）
- 蒜末……1 小匙
- 马苏里拉奶酪……100 g（刨丝）
- 切达奶酪丝……50 g
- 里科塔奶酪……30 g
- 鲜牛奶……适量
- 现刨帕尔马奶酪屑……适量
- 干牛至……适量
- 干辣椒籽……适量
- 蒜油（第 057 页）……适量

做法

制作馅料

1 锅中倒入少许橄榄油，用中火加热，加入红甜椒丝翻炒约 5 分钟或炒至红甜椒丝微焦，加入适量盐和黑胡椒调味，盛出沥油备用。

预热整形

2 在铸铁煎锅的内壁与底部涂抹软化的黄油，并淋上橄榄油。

3 在面团表面撒些面粉，再将面团移至铸铁煎锅中，用手指将面团推开至铺满煎锅底部，不必用保鲜膜盖住煎锅，将面饼在室温下静置 1~1.5 小时。

4 将烘焙石板或空烤盘放入烤箱，将烤箱预热至250℃（或至烤箱能达到的最高温度）后再加热 15 分钟，让烘焙石板或空烤盘继续升温。

组装和烘焙

5 将膨胀好的面饼连同煎锅一起移入烤箱烤约 10 分钟或烤至面饼金黄微焦（若想要等上桌前才组装和烘焙，面饼放的时间不要超过 3 小时，否则面饼会变酸）。

6 将马苏里拉奶酪片撕成 6 块铺在面饼上，面饼边缘留约 1.5 cm 宽的区域，在面饼上放上香肠片，撒上蒜末和马苏里拉奶酪丝（图❶），最后将切达奶酪丝放在面饼边缘，要贴近煎锅内壁（图❷和图❸）。

7 将组装好的比萨送回烤箱继续烤 7~10 分钟或烤至比萨表面金黄（图❹）。

8 给裱花袋或保鲜袋装上约 0.6 cm 的裱花嘴或给袋子剪一个开口，将里科塔奶酪装入裱花袋或保鲜袋中（若奶酪太硬或太黏稠可加入适量鲜牛奶搅拌均匀）。

9 取出比萨，快速铺上红甜椒丝，再送回烤箱烤 3~5 分钟或烤至比萨边缘的奶酪焦脆。用小金属刮刀将粘锅的面饼刮松，然后小心地取出比萨，将比萨切分成 6 块（图❺）。

10 把番茄酱一勺一勺地舀在比萨上，再将里科塔奶酪在比萨上挤成小团，然后撒适量现刨帕尔马奶酪屑在比萨上，最后撒上干牛至、辣椒籽并淋上蒜油。

2

Chapter

创意可口比萨

本章教你用各种特色原料做出 16 款创意可口比萨！馅料的搭配不要局限于传统口味，不妨大胆尝试，也许你就能创造出许多令人惊艳的新口味呢。

豪华海陆玛格丽特比萨 约 9 in（23 cm）

玛格丽特比萨凭借几种简单的原料就创造出了令人难以忘怀的味道，但是人们并不满足于此，他们根据自己的喜好把海里和陆地上的高级原料加在玛格丽特比萨上，于是就有了这款豪华海陆玛格丽特比萨。

原料

面团

经典那不勒斯比萨面团（第 015 页）……150 g

酱料

简易冷制番茄酱（第 018 页）……3 大匙

馅料

普通橄榄油……适量
鸡胸肉……75 g
马苏里拉奶酪丝……60 g
新鲜扇贝……4 个
彩色番茄……3 个（每个横切成 3~4 片）
蒜末……2 小匙
柠檬皮屑……1 小匙
新鲜马苏里拉奶酪……45 g（掰成 4 块）
盐和黑胡椒……适量

做法

预热整形

1 将烘焙石板或空烤盘放入烤箱，将烤箱预热至250℃（或至烤箱能达到的最高温度）后再加热 15 分钟，让烘焙石板或空烤盘继续升温。

2 在工作台上撒些面粉，用擀面杖将面团擀成直径约 23 cm、厚约 0.3 cm 的圆形面饼，也可以用双手推开面团。将面饼移至烘焙纸上，用叉子在面饼上叉些小孔，静置约 15 分钟。

制作馅料

3 锅中倒入橄榄油用中火加热，放入鸡胸肉煎 1~2 分钟或煎至表面微微焦黄但肉未全熟，盛出放凉后用手撕成粗条备用。

组装

4 先在面饼中心放上番茄酱，然后用汤匙背将酱料从面饼中心螺旋状抹开。

5 在面饼上放上马苏里拉奶酪丝，再摆上煎好的鸡胸肉、扇贝肉和番茄片，然后撒上蒜末、柠檬皮屑、适量盐和黑胡椒，最后放上新鲜马苏里拉奶酪块。

烘焙

6 将比萨放入烤箱烤 5~10 分钟或烤至面饼金黄焦脆、奶酪冒泡。

也可以在烤好的比萨上淋适量青酱，以增加风味。

南瓜松仁羊奶奶酪比萨

约 9 in（23 cm）

烤过的南瓜有焦糖的甜味，恰好中和了羊奶奶酪的咸香味，再加上松仁的坚果味，绝对是隆冬中令人垂涎的美味。

原料

面团

经典那不勒斯比萨面团（第 015 页）……150 g

馅料

A. 南瓜泥

- 南瓜……75 g（去皮、切块）
- 普通橄榄油……2 小匙
- 盐……适量

B. 其他馅料

- 特级初榨橄榄油……1 大匙
- 新鲜马苏里拉奶酪……45 g（撕成 6 块）
- 羊奶奶酪……1.5 大匙
- 青酱（第 020 页）……2 小匙
- 松仁（烤过）……2 小匙

做法

制作馅料

1 制作南瓜泥：在南瓜块上淋 2 小匙普通橄榄油，加适量盐调味，然后将南瓜块摆在烤盘上并放入预热至 220℃的烤箱烤约 30 分钟，给南瓜翻面后再送回烤箱，将温度调至 180℃继续烤 15 分钟或烤至南瓜香软并焦糖化，取出备用。

预热整形

2 将烘焙石板或空烤盘放入烤箱，将烤箱预热至 250℃（或至烤箱能达到的最高温度）后再加热 15 分钟，让烘焙石板或空烤盘继续升温。

3 在工作台上撒些面粉，用擀面杖将面团擀成直径约 23 cm、厚约 0.3 cm 的圆形面饼，也可以用双手推开面团。将面饼移至烘焙纸上，用叉子在面饼上叉些小孔，静置约 15 分钟。

组装 1

4 用汤匙背把南瓜泥涂抹在面饼上，淋上 1 大匙特级初榨橄榄油，再放上马苏里拉奶酪块，接着在正中心放 1 大匙羊奶奶酪。

烘焙

5 将比萨移入烤箱烤 5~10 分钟或烤至面饼金黄香脆。

组装 2

6 取出切分，放上青酱和剩余的羊奶奶酪，最后撒上松仁。

5 ml 1tsp.
15 ml 1Tbsp.

焦糖洋葱坚果蓝纹奶酪比萨

约 9 in（23 cm）

如果你无法接受蓝纹奶酪的特殊味道，可用羊奶奶酪或新鲜马苏里拉奶酪代替。如果你是新手，不妨先从味道较温和的奶酪开始尝试！

原料

面团
- 经典那不勒斯比萨面团（第 015 页）……150 g

酱料
- 洋葱酱……45 g

馅料
- 无盐黄油……2 小匙
- 红洋葱……1/4 个（切长条）
- 新鲜马苏里拉奶酪……40 g（掰成 4 块）
- 蓝纹奶酪……30 g（掰成块）
- 现刨帕尔马奶酪屑……1 大匙
- 特级初榨橄榄油……适量
- 混合坚果……20 g

做法

预热整形

1. 将烘焙石板或空烤盘放入烤箱，将烤箱预热至250℃（或至烤箱能达到的最高温度）后再加热 15 分钟，让烘焙石板或空烤盘继续升温。
2. 在工作台上撒些面粉，用擀面杖将面团擀成直径约 23 cm、厚约 0.3 cm 的圆形面饼，也可以用双手推开面团。将面饼移至烘焙纸上，用叉子在面饼上叉些小孔，静置约 15 分钟。

制作馅料

3. 将黄油放入锅中用中火加热，然后加入洋葱条翻炒约 2 分钟，炒至变软但未上色，盛出备用。

组装 1

4. 在面饼上放上马苏里拉奶酪块，然后均匀地放上洋葱酱和蓝纹奶酪。

烘焙 1

5. 将比萨放入烤箱烤 3~5 分钟。

组装 2

6. 将比萨从烤箱中取出，撒上帕尔马奶酪屑，淋上特级初榨橄榄油，均匀放上混合坚果与洋葱条。

烘焙 2

7. 将比萨再次放入烤箱烤 3~5 分钟或烤至面饼金黄香脆、奶酪冒泡，然后取出切分。

洋葱酱

原料

无盐黄油 1 大匙，橄榄油 1/2 大匙，大个洋葱 1 个（去皮、切碎），蒜 1 瓣（切末），巴萨米克醋 2 大匙，黑糖 1/2 大匙，新鲜百里香末 1/2 小匙，盐适量

做法

1. 将黄油和橄榄油放入锅中用小火加热，加入洋葱碎与蒜末翻炒至洋葱香软但未焦化，其间要不时翻炒。
2. 加入巴萨米克醋、黑糖和百里香继续翻炒，直至洋葱染上醋的颜色，最后加盐调味。放凉后冷藏保存。

腊肠烤甜椒比萨 约 9 in（23 cm）

西班牙人和中国人一样爱吃猪肉，因此，西班牙有丰富的猪肉制品。甜椒也是当地人常吃的原料之一，甜椒除了可以制成经典的烤甜椒外，还可以制成甜椒粉用于调味。吃了放了腊肠和烤甜椒的比萨，连意大利人也忍不住要跳弗拉门戈舞！

原料

面团

组约西西里比萨面团（第 016 页）……180 g

酱料

经典热调番茄酱（第 019 页）……3 大匙

馅料

西班牙腊肠……1 根
新鲜马苏里拉奶酪……45 g
新鲜罗勒叶……适量
烤甜椒……12 条

做法

预热整形

1 将烘焙石板或空烤盘放入烤箱，将烤箱预热至250℃（或至烤箱能达到的最高温度）后再加热 15 分钟，让烘焙石板或空烤盘继续升温。

2 在工作台上撒些面粉，用擀面杖将面团擀成直径约23 cm、厚约0.3 cm的圆形面饼，也可以用双手推开面团。将面饼移至烘焙纸上，用叉子在面饼上叉些小孔，静置约 15 分钟。

组装和烘焙

3 先在面饼中心放上番茄酱，然后用汤匙背将酱料从面饼中心螺旋状抹开。

4 撕开腊肠肠衣，切取 6 片腊肠，将腊肠和马苏里拉奶酪（掰成 6 块）均匀摆放在面饼上。

5 将比萨放入烤箱烤 5~10 分钟或烤至面饼金黄香脆、奶酪冒泡，取出切分成 6 块。最后分别在每一块上放上罗勒叶和烤甜椒。

烤甜椒

原料

黄甜椒 2 个，红甜椒 1 个，蒜 1/2 瓣（切末），切碎的新鲜欧芹叶适量，特级初榨橄榄油 2 大匙，盐和黑胡椒适量

做法

1 将甜椒放在火炉上将表皮烧黑（图❶），放 1 分钟使其稍微变凉。将甜椒放进保鲜袋中密封约 10 分钟（图❷）后取出用流水冲洗干净（图❸），然后剥除焦黑的外皮（图❹）并剥开去除甜椒籽，再将甜椒肉撕成长条。

2 将处理好的甜椒放入碗中，加入蒜末、新鲜欧芹叶和橄榄油拌匀，用盐和黑胡椒调味（图❺），静置至少 1 小时，让甜椒入味。

1

2

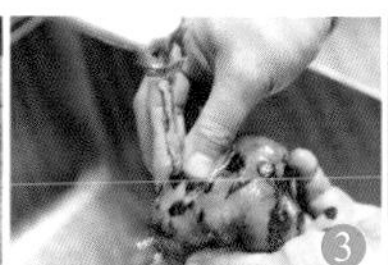
3

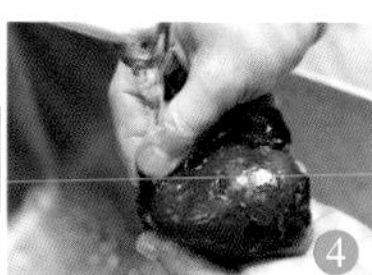
4

5

可加适量巴萨米克醋增加酸味与香气，或根据个人口味加入适量红椒粉或辣椒粉。

焦糖洋葱无花果比萨

长约 10 in（26 cm）的椭圆形比萨

这款比萨来自西班牙巴利阿里群岛的观光胜地马约卡岛和嬉皮迷幻的伊比萨岛。这款比萨的馅料与意大利比萨的不同，它不是用番茄酱和奶酪做的，而是用蔗糖、洋葱和无花果做的，其独特的味道值得一尝。

原料

面团
- 纽约西西里比萨面团（第 016 页）……180 g

酱料
- 经典热调番茄酱（第 019 页）……1.5 大匙

馅料（1 个比萨的量）

A. 焦糖洋葱无花果馅
- 无花果干……适量
- 无盐黄油……15 g
- 黄砂糖……2 小匙
- 大个红洋葱……1/4 个（切条）
- 雪莉酒醋……1/2 小匙
- 盐……适量

B. 其他馅料
- 鳀鱼……1 条（切碎）

做法

制作馅料

1 制作焦糖洋葱无花果馅。前一晚将无花果干泡在水中，直至软化。泡好后挤干水分，每个切成 4 份备用。

2 将黄油和砂糖放入小锅中用小火加热，可轻轻摇晃小锅但不要搅拌，糖化了以后转中火煮至呈金黄色的焦糖状。

3 加入洋葱条和无花果，煮 6~8 分钟或煮至洋葱呈金黄色，再加入雪莉酒醋和盐，继续煮约 2 分钟或煮至洋葱颜色变暗，盛出放凉备用。

预热整形

4 将烘焙石板或空烤盘放入烤箱，将烤箱预热至250℃（或至烤箱能达到的最高温度）后再加热 15 分钟，让烘焙石板或空烤盘继续升温。

5 在工作台上撒些面粉，用擀面杖将面团擀成长约 26 cm、厚约 0.5 cm 的椭圆形面饼，也可以用双手推开面团。将面饼移至烘焙纸上，用叉子在面饼上叉些小孔，静置约 15 分钟。

组装

6 先在面饼中心放上番茄酱，然后用汤匙背将酱料从面饼中心螺旋状抹开。把焦糖洋葱无花果馅放在面饼上，再放上鳀鱼。

烘焙

7 将比萨放入烤箱烤 5~10 分钟或烤至面饼金黄香脆。

1 馅料也可以换成金枪鱼口味的。在 50 g 金枪鱼罐头中拌入 0.5 大匙切碎的酸豆和 0.5 大匙切碎的橄榄，然后淋些柠檬汁，再加入盐和黑胡椒调味即可。此分量供 1 个比萨使用。

2 若没有雪莉酒醋，可用巴萨米克醋代替。

3 制作面团时原本是要加白酒的，可以试试用 30 g 白酒代替纽约西西里比萨面团配方中相同量的水。

紫薯鸡蛋培根比萨

约 9 in（23 cm）

紫薯是继土豆后，又一种登上比萨舞台的根茎类原料。甜甜的紫薯搭配白霉奶酪、鸡蛋与咸香培根，丰富了比萨的味道。一片片圆圆的紫薯搭配鸡蛋，让你做出一款与众不同的比萨。

原料

面团

- 纽约西西里比萨面团（第 016 页）……180 g

酱料

- 白酱（第 020 页）……3 大匙

馅料

- 细长紫薯……45 g（切成圆片）
- 烟熏培根……30 g
- 马苏里拉奶酪丝……70 g
- 蒜末……1/2 大匙
- 鸡蛋……1 个
- 白霉奶酪……25 g（切片）

装饰

- 新鲜迷迭香叶（切末）……1/2 小匙
- 特级初榨橄榄油……适量

做法

预热整形

1 将烘焙石板或空烤盘放入烤箱，将烤箱预热至250℃（或至烤箱能达到的最高温度）后再加热 15 分钟，让烘焙石板或空烤盘继续升温。

2 在工作台上撒些面粉，用擀面杖将面团擀成直径约 23 cm、厚约 0.3 cm 的圆形面饼，也可以用双手推开面团。将面饼移至烘焙纸上，用叉子在面饼上叉些小孔，静置约 15 分钟。

准备馅料

3 紫薯洗净切薄片，放在加了盐的冷水中泡 30 分钟，捞出冲洗干净，沥干备用。

4 将培根切成宽约 0.5 cm 的小条，放入平底锅用小火干炒 2 分钟或炒至培根的油脂释出，盛出备用。

组装 1

5 从冰箱中取出白酱稍加热，先在面饼中心放上白酱，然后用汤匙背将酱料从面饼中心螺旋状抹开。撒上马苏里拉奶酪丝和蒜末，再放上紫薯片与炒好的培根条。

烘焙 1

6 将比萨放入烤箱烤 3~5 分钟或烤至面饼呈浅金黄色。

组装 2

7 在比萨中心打一个鸡蛋，将白霉奶酪片均匀地摆放在比萨上。

烘焙 2

8 将比萨送回烤箱继续烤 3~5 分钟或烤至面饼金黄焦脆、奶酪冒泡。

装饰

9 在烤好的比萨上撒上迷迭香并淋上橄榄油。

1 若白酱加热后仍太黏稠，可拌入少许温热的鲜牛奶或鲜奶油，调整至方便涂抹的浓稠度。

2 白霉奶酪（如布里奶酪和卡芒贝尔奶酪）味道浓郁，有一种特殊的风味，在大多数超市都可以买到。

青酱茭白鲜虾比萨 约 9 in（23 cm）

罗勒与番茄分别是意式菜肴中的芳香植物之王和蔬果之王，虽然番茄酱是比萨的最佳搭档，但青酱也是搭配比萨的好选择。青酱与鲜虾，再加上鲜脆多汁的茭白，绝对可以搭配出一种说不出的美妙滋味！

原料

面团

组约西西里比萨面团（第 016 页）……180 g

酱料

青酱（第 020 页）……2 大匙

馅料

特级初榨橄榄油……1.5 大匙

去壳鲜虾……120 g

新鲜马苏里拉奶酪……45 g（掰成 6 块）

茭白……1~2 根

装饰

现刨帕尔马奶酪屑……适量

做法

预热整形

1 将烘焙石板或空烤盘放入烤箱，将烤箱预热至250℃（或至烤箱能达到的最高温度）后再加热 15 分钟，让烘焙石板或空烤盘继续升温。

2 在工作台上撒些面粉，用擀面杖将面团擀成直径约 23 cm、厚约 0.3 cm 的圆形面饼，也可以用双手推开面团。将面饼移至烘焙纸上，用叉子在面饼上叉些小孔，静置约 15 分钟。

准备馅料

3 茭白去除较硬的外皮，切斜片备用。

组装

4 先在面饼中心放上青酱，然后用汤匙背将酱料从面饼中心螺旋状抹开。

5 鲜虾和茭白片上分别抹上橄榄油，再将鲜虾和茭白片均匀摆放在面饼上，然后放上马苏里拉奶酪块。

烘焙

6 将比萨移入烤箱烤 5~10 分钟或烤至面饼金黄焦脆、奶酪冒泡。

装饰

7 取出切分，再撒上现刨帕尔马奶酪屑。

清脆的芦笋更是鲜虾的绝妙搭档，在盛产芦笋的季节一定要试试。

熏鲑鱼牛油果比萨 约 9 in（23 cm）

美国向来以民族大熔炉自居，加利福尼亚州更是各民族的荟萃之地，因此在饮食界早就创造出加州风的无国界美食，比如鲑鱼牛油果寿司就是各民族美食融合的代表之一，我在此就借鲑鱼牛油果寿司衍生出这款鲑鱼牛油果比萨。

原料

面团

- 组约西西里比萨面团（第 016 页）…… 180 g

馅料

- 鲑鱼卵或虾卵 …… 1 小匙
- 淡酱油 …… 1.5 大匙
- 马苏里拉奶酪丝 …… 75 g
- 熏鲑鱼 …… 45 g（切片）
- 牛油果 …… 45 g
- 新鲜生菜 …… 适量
- 普通橄榄油 …… 适量
- 海苔丝 …… 适量
- 现磨帕尔马奶酪屑 …… 适量

做法

准备馅料

1 将鲑鱼卵或虾卵放入碗中，倒入淡酱油腌 30 分钟使其入味。牛油果去核切片备用。

预热整形

2 将烘焙石板或空烤盘放入烤箱，将烤箱预热至250℃（或至烤箱能达到的最高温度）后再加热 15 分钟，让烘焙石板或空烤盘继续升温。

3 在工作台上撒些面粉，用擀面杖将面团擀成直径约 23 cm、厚约 0.3 cm 的圆形面饼，也可以用双手推开面团。将面饼移至烘焙纸上，用叉子在面饼上叉些小孔，静置约 15 分钟。

组装 1

4 在面饼上铺上马苏里拉奶酪丝。

烘焙

5 将比萨移入烤箱烤 5~10 分钟或烤至面饼金黄焦脆、奶酪冒泡。

组装 2

6 在烤好的比萨上均匀地放上熏鲑鱼片和牛油果片，再放上沥干了酱油的鲑鱼卵或虾卵。

7 最后放上新鲜生菜，淋上橄榄油，再撒上海苔丝和现磨帕尔马奶酪屑即可。

奶酪爱好者也可用羊奶奶酪或蓝纹奶酪代替鲑鱼卵或虾卵，或用果酱代替牛油果。鲑鱼也可以搭配鲜脆的芦笋！

菠菜肉丸深盘比萨

约 20 cm

意大利人爱吃肉丸，肉丸常出现在各种菜肴中，当然比萨也少不了它。面饼较厚的深盘比萨非常适合放圆滚滚的肉丸，再配上菠菜，简直完美！

原料

面团

芝加哥深盘比萨面团（第 017 页）……1 个 250 g，1 个 125 g

酱料

芝加哥特制番茄酱（第 019 页）……150 g

馅料

新鲜马苏里拉奶酪……90 g（切片）
菠菜馅……180 g
意大利肉丸（第 049 页）……120 g
马苏里拉奶酪丝……45 g
现刨帕尔马奶酪屑……适量
蒜末……1 小匙
波萝伏洛奶酪……90 g（切片）
里科塔奶酪酱（第 045 页）……45 g
橄榄油……适量（用于涂抹烤盘）

做法

预热整形

1 将烘焙石板或空烤盘放入烤箱，将烤箱预热至250℃（或至烤箱能达到的最高温度）后再加热 15 分钟，让烘焙石板或空烤盘继续升温。

2 在工作台上撒些面粉，用擀面杖将 250 g 和 125 g 的面团分别擀成直径约 24 cm 和 20 cm、厚约 0.3 cm 的圆形面饼，也可以用双手推开面团。将直径 24 cm 的面饼移至已涂抹橄榄油的深烤盘中，用手指按压面饼边缘使其贴于烤盘内壁，用保鲜膜或浴帽盖住烤盘，静置约 20 分钟。

组装 1

3 揭开保鲜膜，若边缘的面饼塌下来了，将其重新贴上去。

4 在烤盘底部的面饼上铺新鲜马苏里拉奶酪片，奶酪片之间须重叠，不可露出面饼。

5 先在奶酪片上均匀地放上 80 g 菠菜馅，再放上切成块的肉丸，然后撒上马苏里拉奶酪丝、现刨帕尔马奶酪屑和蒜末。

6 铺上波萝伏洛奶酪片，尽量把内馅盖住，再把直径 20 cm 的面饼盖在奶酪片上。用手指将烤盘内壁的面饼和盖在上面的面饼捏合起来。

烘焙

7 将比萨移入烤箱，将温度调至 200℃，烤 20~30 分钟或烤至面饼金黄香脆、奶酪冒泡。

组装 2

8 给裱花袋或保鲜袋装上约 0.6 cm 的裱花嘴或者给袋子剪一个开口，装入里科塔奶酪酱。

9 用小抹刀小心地分开比萨面饼与烤盘，放 5~6 分钟后，再将比萨平均切成 6 份。同时加热剩余的菠菜馅和番茄酱。

10 把番茄酱舀在比萨上并用汤匙背抹开，再把菠菜馅一勺一勺地舀在比萨上，最后把里科塔奶酪酱挤成小团放在比萨上。

菠菜馅

原料

嫩菠菜 450 g，橄榄油少许，盐和黑胡椒适量

做法

1 菠菜洗净后沥干水分，摘除叶梗，稍微切一切备用（可保留叶梗做其他菜肴）。

2 将橄榄油倒入锅中用中大火加热，放入菠菜翻炒，盖上锅盖煮至菠菜变软，加盐和黑胡椒调味即可。

3 尽量挤压、滤掉菠菜馅中多余的汤汁，做好的菠菜馅放在保鲜盒中可冷藏保存 2~3 天。

菲式咸鱼酱蔬菜比萨 约 9 in（23 cm）

菲律宾美食融合了中式风味、西班牙风味和美式风味。当地特色美食鱼酱蔬菜（Pinakbet）的做法是，把番茄加入菲式咸鱼酱中煮成酱料，然后烩入苦瓜、茄子等时蔬。我在菲律宾旅行时，曾造访过一家凭鱼酱蔬菜味的比萨闻名的餐厅。现在我想重现这款比萨。

原料

面团

- 标准比萨面团（第 011 页）……150 g

酱料

番茄咸鱼酱

- 简易冷制番茄酱（第 018 页）……5 大匙
- 普通橄榄油……适量
- 洋葱末……2 小匙
- 姜末……1/2 小匙
- 蒜末……1/2 小匙
- 菲式咸鱼酱……2 小匙

馅料

- 马苏里拉奶酪丝……75 g
- 山苦瓜……4~6 片
- 圆茄子……4~6 片
- 秋葵……2 根（横切成小段）
- 南瓜……4~6 片
- 普通橄榄油……1 大匙
- 小番茄……2 个（切片）

做法

预热 1

1 将烘焙石板或空烤盘放入烤箱中，将烤箱预热至 180℃。

制作酱料和馅料

2 制作番茄咸鱼酱：锅中倒入适量橄榄油用中小火加热，加入洋葱末、姜末、蒜末炒至香软，再加入番茄酱与菲式咸鱼酱，煮开后，转小火煮 3~5 分钟至酱料变得稍浓稠，盛出放凉备用。

3 取 1~2 大匙番茄咸鱼酱与 1 大匙橄榄油混合，将除小番茄以外的所有蔬菜和混合了橄榄油的酱料混合在一起，然后放入热烤箱中烤约 5 分钟或烤至蔬菜稍软。

预热 2

4 将烤箱预热至 250℃（或至烤箱能达到的最高温度）后继续加热 15 分钟，让烘焙石板或空烤盘继续升温。

整形

5 在工作台上撒些面粉，用擀面杖将面团擀成直径约 23 cm、厚约 0.3 cm 的圆形面饼，也可以用双手推开面团。将面饼移至烘焙纸上，用叉子在面饼上叉些小孔，静置约 15 分钟。

组装

6 先在面饼中心放上番茄咸鱼酱，然后用汤匙背将酱料螺旋状抹开。

7 在面饼上铺上马苏里拉奶酪丝，再均匀地铺上烤好的蔬菜，最后放小番茄片。

烘焙

8 将比萨移入烤箱烤 5~10 分钟或烤至面饼金黄焦脆、奶酪冒泡。

菲律宾的咸鱼酱味道非常浓郁，质地浓稠呈膏状。若不好买到，可用东南亚较常见的虾酱代替，也可以用意式美食中的油浸鳀鱼。

绿咖喱牛油果鸡肉比萨 约 9 in（23 cm）

泰式绿咖喱浓郁的香味和辣味让人难忘。除了跟泰式绿咖喱原本就搭的原料（如圆茄子等）外，本配方还加入无国界的重要原料——牛油果，味道绝对会让你惊叹。

原料

面团

原料	用量
标准比萨面团（第 011 页）	150 g

酱料

洋葱绿咖喱酱

原料	用量
普通橄榄油	适量
洋葱末	2 小匙
姜末	1/2 小匙
蒜末	1/2 小匙
切碎的罗勒叶	1 小匙
椰奶	75 g
绿咖喱酱	2 小匙

馅料

原料	用量
马苏里拉奶酪丝	75 g
鸡胸肉	60 g
泰国小圆茄	2 个
杏鲍菇	1 根
牛油果	60 g
普通橄榄油	1 大匙
红辣椒	1/2 根

装饰

原料	用量
罗勒叶	适量

做法

预热

1 将烘焙石板或空烤盘放入烤箱，将烤箱预热至250℃（或至烤箱能达到的最高温度）后再加热 15 分钟，让烘焙石板或空烤盘继续升温。

制作酱料和馅料

2 制作洋葱绿咖喱酱：锅中倒入适量橄榄油用中小火加热，加入洋葱末、姜末、蒜末和 1 小匙罗勒叶炒至香软，再加入椰奶与绿咖喱酱，煮开后，转小火煮 5~7 分钟让酱料变得稍浓稠，盛出放凉备用。

3 鸡胸肉斜切成厚约 0.3 cm 的薄片，杏鲍菇纵向切成厚 0.3 cm 的薄片，泰国小圆茄横着切成片，牛油果去核切成厚约 0.6 cm 的厚片，红辣椒切圈。

4 取 1~2 大匙步骤 2 的洋葱绿咖喱酱与 1 大匙橄榄油混合，然后拌入鸡胸肉片、杏鲍菇片和圆茄片中，腌制入味备用。

整形

5 在工作台上撒些面粉，用擀面杖将面团擀成直径约 23 cm、厚约 0.3 cm 的圆形面饼，也可以用双手推开面团。将面饼移至烘焙纸上，用叉子在面饼上叉些小孔，静置约 15 分钟。

组装

6 先在面饼中心放上洋葱绿咖喱酱，再用汤匙背将酱料螺旋状抹开。

7 在面饼上铺上马苏里拉奶酪丝，再放上牛油果片和步骤 4 腌好的原料，最后放上辣椒圈。

烘焙

8 将比萨移至烤箱烤 5~10 分钟或烤至面饼金黄焦脆、奶酪冒泡。

装饰

9 用适量罗勒叶装饰即可。

味噌山药腊肉比萨 约 9 in（23 cm）

比萨给人的印象一直都是高热量、不健康，但如果在面饼厚薄与馅料选择上做些调整，既可以吃到美味，还很健康，因此我选用日式养生原料山药与日式风味酱料味噌制作了这款日式养生比萨。

原料

面团

- 标准比萨面团（第 011 页）……150 g

酱料

味噌白酱

- 白酱（第 020 页）……2 大匙
- 味噌……2 小匙

馅料

- 马苏里拉奶酪丝……75 g
- 山药……90 g（去皮切成厚 1 cm 的圆片）
- 腊肉……45 g（切薄片）
- 现刨帕尔马奶酪片……适量
- 红胡椒粒……适量

做法

预热整形

1 将烘焙石板或空烤盘放入烤箱，将烤箱预热至250℃（或至烤箱能达到的最高温度）后再加热 15 分钟，让烘焙石板或空烤盘继续升温。

2 在工作台上撒些面粉，用擀面杖将面团擀成直径约 23 cm、厚约 0.3 cm 的圆形面饼，也可以用双手推开面团。将面饼移至烘焙纸上，用叉子在面饼上叉些小孔，静置约 15 分钟。

制作酱料

3 制作味噌白酱：白酱稍微加热，然后和味噌混合均匀制成味噌白酱。

组装 1

4 先在面饼上涂抹味噌白酱，再铺上马苏里拉奶酪丝，接着均匀地摆上山药片和腊肉片。

烘焙

5 将比萨移入烤箱烤 5~10 分钟或烤至面饼金黄焦脆、奶酪冒泡。

组装 2

6 撒上现刨帕尔马奶酪片和红胡椒粒。

韩式泡菜章鱼比萨 约 9 in（23 cm）

番茄酱是比萨最常用的酱料，如果将它换成韩式泡菜味道会是怎样的呢？即使你不追韩星也一定要试试，混搭的味道会出乎意料地让人不停回味。

原料

面团
- 标准比萨面团（第 011 页）……150 g

馅料
- 小黄瓜……50 g
- 盐……适量
- 韩式泡菜……100 g
- 新鲜小章鱼……50 g
- 马苏里拉奶酪丝……60 g
- 普通橄榄油……适量
- 干辣椒籽……适量

做法

制作馅料

1 前一晚将小黄瓜切成厚约 0.3 cm 的圆片，撒些盐抓匀，腌约 10 分钟，再冲去盐分。泡菜切成小片，章鱼切成厚约 0.5 cm 的薄片，将黄瓜片、泡菜和章鱼片放在一起拌匀，然后放入冰箱腌一晚。

预热整形

2 将烘焙石板或空烤盘放入烤箱，将烤箱预热至250℃（或至烤箱能达到的最高温度）后再加热 15 分钟，让烘焙石板或空烤盘继续升温。

3 在工作台上撒些面粉，用擀面杖将面团擀成直径约23 cm、厚约0.3 cm的圆形面饼，也可以用双手推开面团。将面饼移至烘焙纸上，用叉子在面饼上叉些小孔，静置约 15 分钟。

组装 1

4 将腌好的泡菜片铺在面饼上，然后撒上马苏里拉奶酪丝，再放上腌好的黄瓜片和章鱼片。

烘焙

5 将比萨放入烤箱烤 5~10 分钟或烤至面饼金黄焦脆、奶酪冒泡。

组装 2

6 撒上干辣椒籽，淋上橄榄油即可。

金沙竹笋鲜虾比萨

约 9 in（23 cm）（椭圆形）

通过炒的方式使原料裹上鸭蛋黄油，这种制作方式叫金沙。用这种方式做出来的菜黄澄澄的，煞是诱人。我也用这种方法来制作竹笋虾仁，然后用竹笋虾仁来制作这款新型比萨。

原料

面团

- 标准比萨面团（第 011 页）……150 g

馅料

A. 竹笋虾仁

- 普通橄榄油……适量
- 虾仁……6~8 只
- 竹笋……60 g
- 咸蛋黄……1 个
- 盐和黑胡椒……适量

B. 其他馅料

- 马苏里拉奶酪丝……75 g
- 大个红、绿辣椒……各半根（切小圈）
- 蛋黄酱……适量

做法

预热

1 将烘焙石板或空烤盘放入烤箱，将烤箱预热至250℃（或至烤箱能达到的最高温度）后再加热 15 分钟，让烘焙石板或空烤盘继续升温。

制作馅料

2 制作竹笋虾仁。虾仁剔除虾肠，从背部竖着切开但不切断，竹笋切成约 0.5 cm 厚的片，咸蛋黄压碎备用。

3 锅中倒入橄榄油用中火加热，加入咸蛋黄炒至冒泡，先放入竹笋片翻炒 1~2 分钟，然后加入虾仁翻炒至稍微变色并卷曲，加适量盐和黑胡椒调味，盛出放凉备用。

整形

4 在工作台上撒些面粉，用擀面杖将面团擀成长约 23 cm、厚约 0.3 cm 的椭圆形面饼，也可以用双手推开面团。将面饼移至烘焙纸上，用叉子在面饼上叉些小孔，静置约 15 分钟。

组装 1

5 先在面饼上放马苏里拉奶酪丝，再铺上竹笋虾仁，然后撒上红、绿辣椒圈。

烘焙

6 将比萨移至烤箱中烤 5~10 分钟或烤至比萨面饼金黄焦脆、奶酪冒泡。

组装 2

7 在比萨上挤上蛋黄酱。

蜂蜜洋葱鸭赏[1]比萨 约 9 in（23 cm）

比萨大师托尼·吉米尼亚尼的代表作蜂蜜比萨（Honey Pie）的制作方法是，在面饼上加上奶酪并烤香，再放上大量鲜香酥脆的炸洋葱条，撒上奶酪与新鲜青辣椒片，最后淋上蜂蜜。我在此用我的这款比萨向托尼·吉米尼亚尼表达敬意。

原料

面团

- 标准比萨面团（第 011 页）……150 g

馅料

- 大个洋葱……1/3 个
- 普通橄榄油……适量
- 油（适于煎炸）……适量
- 冰啤酒……50 g
- 中筋面粉……30 g
- 盐和黑胡椒……适量
- 马苏里拉奶酪丝……90 g
- 鸭赏……3 大匙（切成约 1 cm 厚的片）
- 三星葱末……2 大匙
- 红辣椒末或干辣椒籽……适量
- 现刨帕尔马奶酪片……适量
- 蜂蜜……20 g

做法

预热

1 将烘焙石板或空烤盘放入烤箱，将烤箱预热至250℃（或至烤箱能达到的最高温度）后再加热 15 分钟，让烘焙石板或空烤盘继续升温。

制作馅料 1

2 洋葱切成宽约 1 cm 的长条，锅中加入橄榄油用中大火加热，加入洋葱条翻炒约 3 分钟或炒至洋葱软化，转中火继续炒至洋葱呈黄褐色，加适量盐调味，取出放在厨房纸上吸去多余的油。

整形

3 在工作台上撒些面粉，用擀面杖将面团擀成直径约 23 cm、厚约 0.3 cm 的圆形面饼，也可以用双手推开面团。将面饼移至烘焙纸上，用叉子在面饼上叉些小孔，静置约 15 分钟。

制作馅料 2

4 油倒入锅中（油量需要约 5 cm 深）加热至 180℃。同时将冰啤酒与面粉混合成面糊，待油温合适时，可先取一条洋葱裹上面糊放入锅中炸，根据面衣厚薄添加啤酒或面粉以调整面糊的浓稠度。洋葱分批裹面，放入油中炸至金黄焦脆，捞出沥油备用。

组装 1

5 将马苏里拉奶酪丝放在面饼上，再放上鸭赏片、黑胡椒和 1 大匙三星葱末。

烘焙

6 将比萨移至烤箱烤 5~10 分钟或烤至面饼金黄焦脆、奶酪冒泡。

组装 2

7 撒上剩余的葱末与红辣椒末或干辣椒籽，淋上一半蜂蜜，放上炸好的洋葱条，然后放上现刨帕尔马奶酪片，最后淋上剩余的蜂蜜。

---

① 中国台湾的一种特产。——编者注

番茄沙茶牛肉双椒比萨 约 9 in（23 cm）

我国有许多特色酱料，不过味道大多偏咸，可以稍微稀释一下或与西式酱料混合，如可以将沙茶酱与番茄酱混合，再加上糯米辣椒与剥皮辣椒，就可以制成一款风味十足的比萨！

原料

面团

- 标准比萨面团（第 011 页）…… 150 g

酱料

- 经典热调番茄酱（第 019 页）…… 2 大匙
- 沙茶酱 …… 2 小匙

馅料

A. 腌牛肉片

- 牛肉 …… 75 g（切成厚约 0.3 cm 的片）
- 色拉油 …… 适量
- 小苏打 …… 适量
- 淡酱油 …… 适量
- 沙茶酱 …… 1 小匙
- 砂糖 …… 适量

B. 其他馅料

- 马苏里拉奶酪丝 …… 45 g
- 糯米辣椒 …… 1 根（切成两段）
- 剥皮辣椒 …… 1 根（切成两段）
- 洋葱末 …… 1 大匙
- 蒜末 …… 1 小匙
- 盐和黑胡椒 …… 适量

装饰

- 新鲜罗勒叶 …… 适量
- 现刨帕尔马奶酪屑 …… 适量

做法

预热

1 将烘焙石板或空烤盘放入烤箱，将烤箱预热至250℃（或至烤箱能达到的最高温度）后再加热 15 分钟，让烘焙石板或空烤盘继续升温。

制作馅料

2 腌牛肉片：牛肉片拌入色拉油、小苏打、淡酱油、砂糖和 1 小匙沙茶酱抓匀，静置让其入味。

整形

3 在工作台上撒些面粉，用擀面杖将面团擀成直径约 23 cm、厚约 0.3 cm 的圆形面饼，也可以用双手推开面团。将面饼移至烘焙纸上，用叉子在面饼上叉些小孔，静置约 15 分钟。

组装和烘焙

4 将番茄酱和 2 小匙沙茶酱混合在一起，先在面饼中心放上酱料，然后用汤匙背将酱料从面饼中心螺旋状抹开。

5 将马苏里拉奶酪丝铺在面饼上，再摆上糯米辣椒与剥皮辣椒，撒上洋葱末与蒜末并加上适量盐和黑胡椒调味。

6 将比萨移至烤箱中烤 3~5 分钟或烤至比萨面饼呈金黄色。

7 将腌牛肉片放在比萨上，送入烤箱继续烤 3~5 分钟或烤至比萨面饼金黄焦脆、奶酪冒泡。

装饰

8 最后放上现刨帕尔马奶酪屑和罗勒叶做装饰。

3

Chapter

变化款比萨

谁说比萨一定是圆的？本章介绍了 10 款变化款比萨，有星形墨鱼比萨，有半圆形比萨饺，还有土耳其比萨……，它们定会让你改变对比萨的固有印象——原来比萨也可以千变万化！

U.S.A.M.D

星形墨鱼比萨

约 26 cm 的星形比萨

比萨的造型多半以容易制作的圆形为主，也有与烤盘形状匹配的长方形比萨，还有在厚边里放上奶酪的芝心比萨（但依然是圆形的）。不过现在又出现了特别的星星造型，再搭配墨鱼酱就成了星形墨鱼比萨啦！

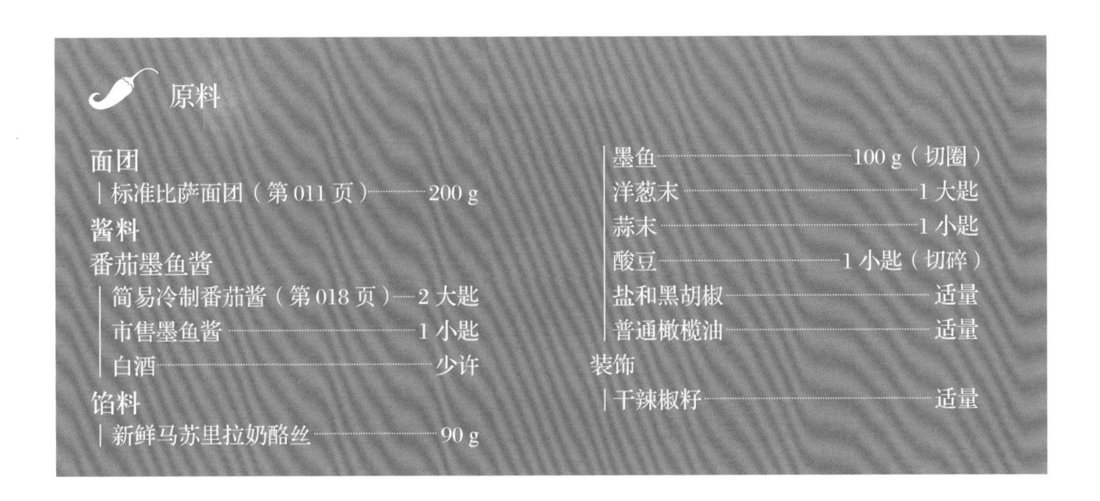

原料

面团
| 标准比萨面团（第 011 页）……200 g

酱料

番茄墨鱼酱
| 简易冷制番茄酱（第 018 页）……2 大匙
| 市售墨鱼酱……1 小匙
| 白酒……少许

馅料
| 新鲜马苏里拉奶酪丝……90 g
| 墨鱼……100 g（切圈）
| 洋葱末……1 大匙
| 蒜末……1 小匙
| 酸豆……1 小匙（切碎）
| 盐和黑胡椒……适量
| 普通橄榄油……适量

装饰
| 干辣椒籽……适量

做法

预热

1 将烘焙石板或空烤盘放入烤箱，将烤箱预热至 250℃（或至烤箱能达到的最高温度）后再加热 15 分钟，让烘焙石板或空烤盘继续升温。

制作酱料

2 制作番茄墨鱼酱：锅中加入番茄酱、墨鱼酱和少许白酒，中小火煮开转小火继续煮 1 分钟即可关火，盛出放凉备用。

整形

3 在工作台上撒些面粉，用擀面杖将面团擀成直径约 26 cm、厚约 0.3 cm 的圆形面饼（图❶），也可以用双手推开面团。将面饼移至烘焙纸上，用叉子在面饼上叉些小孔，静置约 15 分钟。

1

4 用小刀在面饼边缘划6道长约4 cm并呈放射状的口子（图❷）。

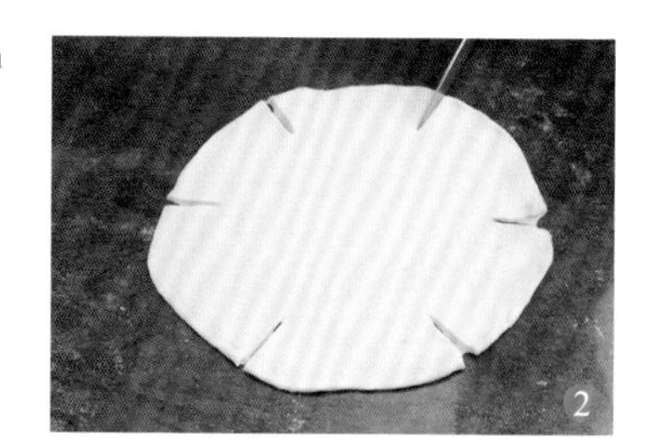

组装

5 将番茄墨鱼酱放在面饼中心，然后用汤匙背将酱料从面饼中心螺旋状抹开（图❸）。

6 将墨鱼、洋葱末、蒜末与酸豆末放在面饼中心（图❹），可加适量盐和黑胡椒调味，再淋上橄榄油。

7 手指蘸些清水，涂抹在面饼边缘的空白处（图❺）。

8 将马苏里拉奶酪丝放在面饼边缘的6个区域（图❻）。

9 用双手提起每个区域切开的两条边并将它们捏在一起（图7）。

10 此时面饼会自然形成一个袋状三角形，用手指将接缝处捏紧。重复此操作完成其他区域的捏合（图8）。

烘焙

11 将比萨移至烤箱烤 5~10 分钟或至面饼金黄焦脆。

装饰

12 取出比萨撒些干辣椒籽即可。

我还曾见过网友将比萨做成圣诞树造型，请发挥你的想象力做出让人惊艳的造型吧！

油炸比萨饼 4个

有时嘴馋，忍不住想吃酥脆的油炸食品。如果有多余的面团，可以换一种吃法，搭配的馅料当然也可以根据你的喜好改变。

原料

面团

- 标准比萨面团（第011页）……150 g
- 油（适于煎炸）……适量

馅料

A

- 经典热调番茄酱（第019页）……1大匙
- 新鲜马苏里拉奶酪……10 g（掰成块）
- 新鲜罗勒叶……适量

B

- 里科塔奶酪酱（第045页）……适量
- 西洋梨片……适量
- 意大利生火腿……4片
- 百里香叶……适量

做法

预热整形

1 在工作台上撒些面粉，将面团均分成4份，滚圆后静置15分钟。

2 用擀面杖将面团擀成直径约10 cm、厚约0.5 cm的圆饼，也可以用双手推开面团。静置约15分钟。

炸面饼

3 锅中倒入约2 cm深的油，用中大火将油加热至约180℃，将圆饼放入油中炸，其间须翻面1~2次，若油温过高可调小火力，避免面饼上色过深，炸数分钟或炸至面饼金黄焦脆，然后捞出沥油。

组装

4 用馅料A组装：将馅料A中的番茄酱抹在其中2个面饼上，放上新鲜马苏里拉奶酪块并用罗勒叶装饰。可立即食用，也可放入烤箱加热至奶酪熔化后食用。

5 用馅料B组装：将馅料B中的里科塔奶酪酱涂抹在剩下的2个面饼上，再放上西洋梨片和意大利生火腿并用百里香叶装饰即可食用。

通心面馅比萨球 对切后共 4 个

比萨面饼整形完成后如果没有扎孔，烘焙时可能会鼓起来；若不在上面加上馅料它就会变得圆鼓鼓的，此时可以把它当作饼蘸着酱料吃，当然，把面饼切开填入馅料也是不错的吃法。

原料

面团

- 标准比萨面团（第 011 页）……150 g

馅料

肉酱通心面

- 意大利通心面……100 g
- 普通橄榄油……适量
- 洋葱末……3 大匙
- 蒜末……1 小匙
- 干牛至……1 小匙
- 肉末……100 g
- 口蘑……8 朵（十字对切）
- 简易冷制番茄酱（第 018 页）……4 大匙
- 高汤……适量
- 盐和黑胡椒……适量

装饰

- 现刨帕尔马奶酪屑……适量
- 新鲜罗勒叶……适量

做法

预热整形

1 将烘焙石板或空烤盘放入烤箱，将烤箱预热至250℃（或至烤箱能达到的最高温度）后再加热 15 分钟，让烘焙石板或空烤盘继续升温。

2 在工作台上撒些面粉，将面团均分成 2 份，滚圆后静置 15 分钟。

3 用手将 2 个面团都整成直径约 12 cm 的圆形面饼，用叉子在面饼上叉些小孔，静置约 15 分钟。

制作馅料

4 制作肉酱通心面。通心面放入加了盐的滚水中煮 8~12 分钟或煮至面熟，捞出后淋上橄榄油，拌匀备用。

5 锅中放入 1 大匙橄榄油，用中火加热，然后放入洋葱末、蒜末和牛至炒至洋葱香软，再加入肉末和口蘑翻炒至肉末变色，接着放入番茄酱和高汤，煮开后转小火再煮 2~3 分钟至酱料变得稍浓稠，放入通心面翻炒 1~2 分钟，加入适量盐和黑胡椒调味即可。

烘焙和组装

6 将 2 个面饼放在烤箱中的烘焙石板或烤盘上，烤 5~10 分钟或烤至面饼金黄香脆，取出放凉后对半切开，然后放入肉酱通心面。

装饰

7 撒适量现刨帕尔马奶酪屑在比萨上，再放上罗勒叶做装饰即可。

番茄金枪鱼比萨饺

1 个半圆形比萨饺

比萨趁热享用才好吃，但比萨饺没有这个限制，多汁味美的馅料被包裹在香脆面饼里，这能延长馅料保温的时间。此款比萨饺的馅料是由传统的番茄奶酪口味改良而来的。

原料

面团

- 标准比萨面团（第011页）……150 g

馅料

- 马苏里拉奶酪丝……45 g
- 番茄罐头……50 g
- 金枪鱼罐头……50 g
- 新鲜口蘑……40 g（十字对切）
- 盐和黑胡椒……适量
- 特级初榨橄榄油……适量

装饰

- 欧芹叶……适量

做法

预热整形

1 将烘焙石板或空烤盘放入烤箱，将烤箱预热至250℃（或至烤箱能达到的最高温度）后再加热15分钟，让烘焙石板或空烤盘继续升温。

2 在工作台上撒些面粉，用擀面杖将面团擀成直径约23 cm、厚约0.3 cm的圆形面饼，也可以用双手推开面团。将面饼移至烘焙纸上，用叉子在面饼上叉些小孔，静置约15分钟。

组装

3 用手把番茄稍微捏烂或把番茄切成块。如图❶所示，在圆饼一半的面积上铺上番茄、马苏里拉奶酪丝、口蘑和金枪鱼，撒上适量盐和黑胡椒调味，再淋上适量橄榄油，在面饼边缘留出2 cm宽的区域不放馅料。

4 将未铺馅料的一半面饼折叠起来盖住馅料（图❷），做成半月形。

整 形

5 用叉子压紧比萨饺边缘（图❸），在比萨饺上面叉些小孔（图❹）。

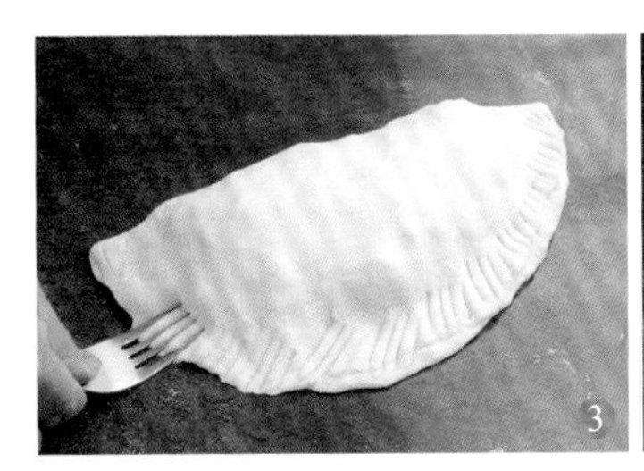

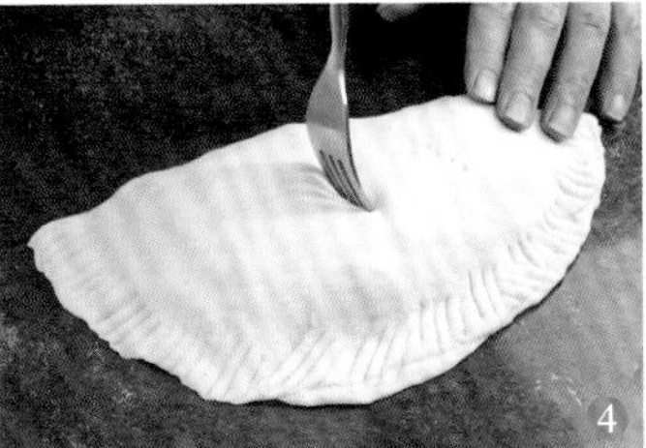

烘 焙

6 将比萨饺移入烤箱烤 5~10 分钟或烤至面饼金黄香脆。

装 饰

7 放上欧芹叶做装饰。

比萨饺比一般比萨厚，最好放在烤箱中下层烤，否则面饼离烤箱上方热源太近的话，容易烤焦。

奶香炸青酱鸡肉比萨饺 2个

比萨饺除了烤着吃，还可以炸着吃。为了方便煎炸，可将比萨饺做成较小的半圆形或1/4个圆的形状，这样既可以节省油，也可以缩短油炸时间。白酱与青酱结合，既有香浓滑口的奶香，又有罗勒新鲜诱人的芳香，绝对会让你垂涎不已。

原料

面团

标准比萨面团（第011页）……150 g

酱料

白酱（第020页）……2大匙

青酱（第020页）……1大匙

馅料

特级初榨橄榄油……适量

鸡胸肉……60 g（切大丁）

盐和黑胡椒……适量

新鲜马苏里拉奶酪……60 g（掰成10块）

现刨帕尔马奶酪屑……1大匙

油（适于煎炸）……适量

做法

预热整形

1 在工作台上撒些面粉，用擀面杖将面团擀成直径约23 cm、厚约0.3 cm的圆形面饼，也可以用双手推开面团。将面饼移至烘焙纸上，用叉子在面饼上叉些小孔，静置约15分钟。

2 锅中倒入适量油，用中大火加热至180℃。

制作馅料

3 另起一锅，倒适量橄榄油，用中火加热，加入鸡肉丁翻炒至熟，再加入白酱和青酱并搅拌均匀，加入盐和黑胡椒调味，盛出备用。

组装

4 将面饼切为两个半圆形，将炒好的鸡肉丁和马苏里拉奶酪块各分成两份，均匀铺在半月形面饼一半的面积上（图❶），再撒上现刨帕尔马奶酪屑，面饼边缘留约2 cm宽的区域不放馅料。

5 如图❷所示，将另一边未铺馅料的面饼折叠起来盖住馅料，做成1/4个圆的形状，用叉子压紧比萨饺边缘。

油炸

6 把比萨饺放入锅中炸，其间须翻面1~2次，若油温过高可减小火力，以免比萨饺上色太深，炸约数分钟或炸至面饼金黄焦脆，然后捞出沥油。

1

2

土耳其比萨

长约 26 cm 的椭圆形比萨

土耳其位于欧亚大陆的交界处，虽是东西方文化交流的荟萃之地，但仍属地中海沿岸，所以当然就有粗犷豪迈的土耳其风格的比萨。

原料

面团

- 纽约西西里比萨面团（第 016 页）……180 g

馅料

- 特级初榨橄榄油……1/2 大匙
- 洋葱……1/2 个（切碎）
- 蒜……1 瓣（切末）
- 牛肉馅……100 g
- 新鲜番茄……1 个（去皮、去籽、切碎）
- 番茄膏……1 小匙
- 糖……1/4 小匙
- 辣椒粉……1/2 小匙
- 柠檬汁……1 小匙
- 新鲜欧芹叶（切碎）……1 小匙
- 盐……适量

装饰

- 新鲜欧芹叶（切碎，可选）……适量
- 柠檬（可选）……适量

做法

预热整形

1 将烘焙石板或空烤盘放入烤箱，将烤箱预热至250℃（或至烤箱能达到的最高温度）后再加热 15 分钟，让烘焙石板或空烤盘继续升温。

2 在工作台上撒些面粉，用擀面杖将面团擀成长约 26 cm、厚约 0.5 cm 的椭圆形面饼，也可以用双手推开面团。将面饼移至烘焙纸上，用叉子在面饼上叉些小孔，静置约 15 分钟。

制作馅料

3 所有馅料原料放入大碗中混合均匀，用手抓起馅料摔打 1~2 分钟。

组装

4 把馅料涂抹在面饼上，边缘留一些区域不要涂抹馅料。

烘焙

5 将比萨移入烤箱烤 5~10 分钟或烤至面饼金黄香脆。

装饰

6 可根据个人喜好撒上切碎的新鲜欧芹叶或挤适量柠檬汁，趁热把饼切分好或卷起来食用。

炭烤牛排牛油果莎莎比萨饼

约 9 in（23 cm）（对折）

享受户外生活时，只要运用一些小技巧，即使只有烧烤架，也能享用到别具风味的炭烤比萨。

原料

面团

经典那不勒斯比萨面团（第 015 页）……150 g

馅料

A. 牛油果莎莎

- 牛油果果肉……50 g
- 红洋葱丁……1 大匙
- 辣椒末……1 小匙
- 香菜叶（切末）……1 小匙
- 柠檬汁……1 小匙
- 蜂蜜……1 小匙
- 盐和黑胡椒……适量

B. 烤牛排

- 牛排……150 g
- 特级初榨橄榄油……适量
- 盐和黑胡椒……适量

C. 其他馅料

- 马苏里拉奶酪丝……30 g
- 柠檬汁……适量
- 特级初榨橄榄油……适量
- 盐和黑胡椒……适量

做法

制作馅料 1

1 制作牛油果莎莎：将馅料 A 中的原料拌匀即可。可提前几小时制作让味道充分融合，制好后，加盖置于室温下备用。

准备工具

2 准备烤肉炉及做比萨的工具：砧板、烤盘、比萨钳、比萨刀和比萨铲等。

整形

3 在工作台上撒些面粉，用擀面杖将面团擀成直径约 23 cm、厚约 0.3 cm 的圆饼，也可用双手推开面团。将面饼移至烘焙纸上，用叉子在面饼上叉些小孔，静置约 15 分钟。

制作馅料 2

4 制作烤牛排：牛排表面抹上适量橄榄油并撒上适量盐和黑胡椒，放在烤架上用中大火烤 7~8 分钟或烤至你想要的熟度，中途翻面 1~2 次，烤好后移至砧板上备用。

烘焙

5 第一次烤。轻轻摇晃一下比萨铲确定面饼没有粘在上面，小心地将面饼滑到烤架上，先不加盖烤约 1 分钟，用比萨钳夹起面饼一角确认底部的焦黄程度，若面饼开始上色，继续烤约 30 秒至 1 分钟或烤至面饼底部焦黄并有清晰的烤纹。若烤纹颜色够深，旋转约 90 度，继续烤约 30 秒至 1 分钟或烤至面饼底部焦黄并有格状烤纹。若面饼上色不够，可增加热度或把面饼放到温度较高的位置。

6 将底部烤好的面饼移到比萨铲上，可直接在比萨铲上或利用砧板给比萨翻面，再把奶酪丝均匀地铺在面饼上，面饼边缘留一些区域不铺奶酪丝。

7 再用比萨铲将比萨移回烤架，要小心，避免奶酪丝掉落，给烤肉炉加盖烤 30 秒到 1 分钟或烤至底部均匀上色、奶酪熔化。若面饼底部已上色，但奶酪未熔化，可将面饼移至空烤盘中再送回烤肉炉烤至奶酪熔化，这样可减少底部的上色程度。

组装

8 将牛排切成厚约 0.3 cm 的薄片，铺在比萨面饼一半的面积上，再放上牛油果莎莎，淋上适量橄榄油和柠檬汁，撒适量盐和黑胡椒调味。

9 最后将未铺馅料的那一半面饼折过来盖住馅料。

此款比萨也可以做成普通比萨，在面饼上均匀地铺上馅料，再切分成 6 份。

巧克力金枣比萨 约 9 in（23 cm）

完美的一餐总是由甜点画下幸福的句号。对比萨爱好者来说，当然也要以甜点比萨结束这一餐，同样的比萨面饼搭配偏甜的酱料和馅料，就是诱人的甜点比萨。

原料

面团

- 纽约西西里比萨面团（第 016 页）……180 g

馅料

A. 糖酒液

- 大葡萄干……20 g（泡水隔夜软化）
- 金枣……3 颗
- 细砂糖……40 g
- 水……40 g
- 威士忌或白兰地酒……2 小匙

B. 其他原料

- 里科塔奶酪……2 大匙
- 金橘……2~3 个（挤汁）
- 巧克力碎……1.5 大匙

装饰

- 巧克力酱和薄荷叶……适量

做法

预 热

1 将烘焙石板或空烤盘放入烤箱，将烤箱预热至250℃（或至烤箱能达到的最高温度）后再加热 15 分钟，让烘焙石板或空烤盘继续升温。

制 作 馅 料 1

2 制作糖酒液：砂糖和水放入锅中煮开，加入横切为 3~4 片的金枣和挤干水分的葡萄干再次煮开，拌入威士忌酒或白兰地酒，然后关火盖好，静置让金枣入味。

整 形

3 在工作台上撒些面粉，用擀面杖将面团擀成直径约 23 cm、厚约 0.3 cm 的圆形面饼，也可以用双手推开面团。将面饼移至烘焙纸上，静置约 15 分钟。

制 作 馅 料 2

4 将里科塔奶酪和金橘汁搅拌均匀，再拌入适量糖酒液调味。

组 装

5 在面饼上涂抹步骤 4 的奶酪糖酒液，铺上沥干了糖酒液的葡萄干和金枣，撒上巧克力碎。

烘 焙

6 将比萨移至烤箱烤 5~10 分钟或烤至面饼金黄焦脆。

装 饰

7 在烤好的比萨上淋上巧克力酱并放上适量新鲜薄荷叶做装饰。

奶酥洛神苹果比萨

约 9 in（23 cm）

当比萨变身为甜点时，就是另一个世界。香甜奶酥搭配微酸的洛神苹果馅，恋爱般的甜蜜滋味让人们的幸福指数瞬间提升！

原料

面团

纽约西西里比萨面团（第 016 页）……180 g

酱料（2 个比萨的量）

马斯卡彭奶酪酱

- 马斯卡彭奶酪……60 g
- 糖粉……1 小匙

馅料（2 个比萨的量）

A. 洛神苹果馅

- 苹果……2 个（去皮、去核、切成 2 cm 见方的丁）
- 水……300 g
- 细砂糖……100 g
- 洛神花……10 g

B. 奶酥

- 黄砂糖……20 g
- 泡打粉……1 g
- 燕麦片……约 7 g
- 中筋面粉……约 16 g
- 无盐黄油……30 g（切小丁，冷藏备用）

搭配

冰激凌球……1 个

装饰

糖粉……适量

做法

制作馅料

1 制作洛神苹果馅：将制作洛神苹果馅的所有原料都放在小锅中用小火加热，加盖煮约 10 分钟或煮至苹果变软，滤掉多余汁液，放凉备用。

2 制作奶酥：将砂糖、泡打粉、燕麦片和面粉放在大碗中混合均匀，加入从冰箱中取出的黄油丁，用手指将黄油丁在混合物中搓成黄豆大小，放回冰箱继续冷藏。

预热整形

3 将烘焙石板或空烤盘放入烤箱，将烤箱预热至250℃（或至烤箱能达到的最高温度）后再加热 15 分钟，让烘焙石板或空烤盘继续升温。

4 在工作台上撒些面粉，用擀面杖将面团擀成直径约23 cm、厚约0.3 cm的圆形面饼，也可以用双手推开面团。将面饼移至烘焙纸上，用叉子在面饼上叉些小孔，静置约 15 分钟。

制作酱料

5 制作马斯卡彭奶酪酱：将马斯卡彭奶酪和 1 小匙糖粉拌匀备用。

组装

6 先在面饼中心放适量马斯卡彭奶酪酱，然后用汤匙背将酱料从面饼中心螺旋状抹开。

7 放适量洛神苹果馅，接着撒上适量奶酥。

烘焙

8 将比萨放入烤箱烤 5~10 分钟或烤至面饼金黄香脆。

装饰

9 最后撒上糖粉，搭配冰激凌食用。

焦糖坚果香蕉比萨

约 9 in（23 cm）

刚出炉的热乎乎的坚果香蕉馅，搭配冰凉香滑的冰激凌，再淋上浓郁的焦糖浆，绝对是让你欲罢不能的冰火双重奏。

原料

面团

- 纽约西西里比萨面团（第 016 页）……150 g

馅料

- 烤过的坚果……230 g
- 鸡蛋……2 个
- 黄砂糖……100 g
- 枫糖浆……100 g
- 熔化的无盐黄油……20 g
- 面粉……1 大匙
- 香草荚……1/2 根（或 1 小匙香草精）
- 盐……1/8 小匙
- 香蕉……2 根

装饰

- 坚果……适量
- 香蕉……适量
- 焦糖浆……适量

做法

预热整形和制作馅料

1. 将烘焙石板或空烤盘放入烤箱，将烤箱预热至250℃（或至烤箱能达到的最高温度）后再加热 15 分钟，让烘焙石板或空烤盘继续升温。
2. 在工作台上撒些面粉，用擀面杖将面团擀成直径约 23 cm、厚约 0.3 cm 的圆形面饼，也可以用双手推开面团。将面饼移至烘焙纸上静置约 15 分钟。
3. 将 230 g 坚果放入食物料理机打成黄豆大小，鸡蛋用打蛋器拌打约 1 分钟，将打好的坚果、蛋液和除了香蕉外的其他所有馅料原料混合均匀。
4. 将面饼移至派盘中整形，用叉子在面饼上叉些小孔。

组装、烘焙和装饰

5. 先将香蕉块铺在面饼上，再放入步骤 3 的混合物。
6. 将比萨移入烤箱烤 15~20 分钟或烤至面饼金黄焦脆、内馅香熟。
7. 刚出炉的香蕉比萨要放 5~10 分钟。最后放上新鲜香蕉和坚果做装饰并淋上焦糖浆。

焦糖浆

原料

鲜奶油 180 g，黄砂糖 75 g，无盐黄油 3 大匙

做法

1. 将鲜奶油加热至温热但不煮开。将黄砂糖放入小锅中用中小火加热（图❶），不要搅动，可以用刷子蘸水将水从锅边滴入锅中（图❷），防止糖结晶。
2. 待糖化了之后分次缓缓加入鲜奶油，边加边搅拌（图❸）。
3. 黄油分次加入并搅匀（图❹），沸腾后用小火继续煮 3 分钟，关火。放凉后稍微搅拌一下。

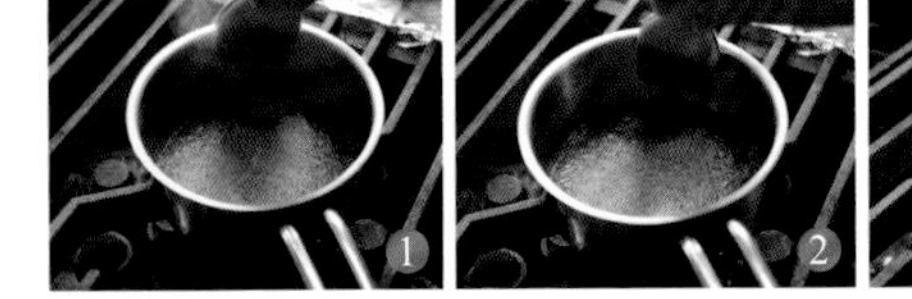

4

Chapter

用比萨面团做可口点心

用比萨面团可以做很多好吃的点心，比如比萨的前身佛卡夏以及酥脆的培根棒。只要把比萨面团做好，在家自制可口小点心一点儿都不难哦！

西西里肉卷

佛卡夏

拖鞋面包比萨

西西里肉卷 1个

西西里语 Bonata 的原意有两个：一是丰富；二是好吃的面包，一般指卷了馅的面包。除了卷经典的肉馅外，也可以尝试所有比萨常用的馅料，真是变化十足的另类比萨啊！

原料

面团

纽约西西里比萨面团（第 016 页）……360 g

馅料

肉馅……150 g
鸡蛋……1 个
干牛至……1/4 小匙
现刨帕尔马奶酪屑……2 大匙
干辣椒籽……适量
盐和黑胡椒……适量
特级初榨橄榄油……适量
蒜油（第 057 页）……适量

做法

预热整形

1 将烘焙石板或空烤盘放入烤箱，将烤箱预热至 200℃后再加热 15 分钟，让烘焙石板或空烤盘继续升温。

2 找一个长方形塑料盘和一个长至少为 30 cm、宽至少为 20 cm 的保鲜袋，将保鲜袋的一侧与底部裁开，另一侧不裁，先在塑料盘中抹点儿水，再把保鲜袋展开将一半铺在塑料盘上。

3 肉馅和鸡蛋混合均匀后放在铺好的保鲜膜上，然后把另一半盖在肉馅混合物上（图❶）。将肉馅混合物擀成 22 cm × 16 cm 的长方形（图❷），放入冰箱冷冻半小时备用。

4 在工作台上撒些面粉，用擀面杖将面团擀成长约 30 cm、宽约 20 cm、厚约 0.3 cm 的长方形面饼，也可以用双手推开面团。将面饼放到烘焙纸上静置约 15 分钟。

组装和烘焙

5 将面饼移至工作台上，让长边与自己平行，取出冻好的肉馅混合物。先撕开一侧的保鲜膜，提起这侧将肉馅混合物倒扣在面饼上，其中一边的肉馅混合物和面饼的长边要对齐，其他三侧距面饼边缘约 4 cm。

6 撕下保鲜膜（图❸），在肉馅混合物上撒上干牛至、帕尔马奶酪屑、干辣椒籽、盐和黑胡椒。

7 如图❹所示，将面饼朝远离自己的方向卷起来，捏紧接缝处（图❺）。

8 再将肉卷两端没有馅料的部分折过来捏紧。（图❻）

9 将肉卷放入烤盘中，有接缝的那面朝下，再将橄榄油涂抹在肉卷表面，避免肉卷表皮裂开。

10 将肉卷移入烤箱烤约 15 分钟或烤至表皮金黄焦脆，取出放约 3 分钟后淋上蒜油，切成 2~3 等份即可食用。

❶

❷

❸

❹

❺

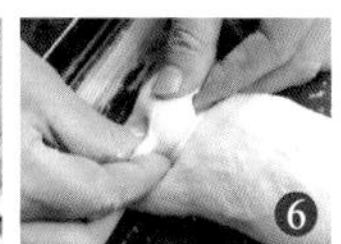
❻

佛卡夏 约 30 cm × 20 cm 的长方形面包 1 个

身为比萨的前身，佛卡夏和比萨用的当然是一样的面团。此款面包外脆里软，还散发着橄榄油和迷迭香的迷人香气。

原料

面团

- 纽约西西里比萨面团（第 016 页）…… 720 g

馅料

- 普通橄榄油…… 2 大匙
- 去核橄榄…… 10 颗（全部对半切开）
- 特级初榨橄榄油…… 适量
- 新鲜迷迭香叶（切末）…… 1 小匙
- 蒜末…… 1 小匙
- 干辣椒末…… 适量
- 盐…… 适量
- 蜂蜜…… 适量

做法

预热整形

1 将烘焙石板或空烤盘放入烤箱，将烤箱预热至 220℃后再加热 15 分钟，让烘焙石板或空烤盘继续升温。

2 取一个 35 cm × 25 cm 的长方形烤盘，底部抹上 2 大匙橄榄油，将发酵完成的面团移至烤盘中，用手将面团推开，使其铺满烤盘底部，然后静置约 15 分钟。

组装和烘焙

3 用小刀或切面刀在面饼上划一些浅浅的开口（图❶），将切开的橄榄按到开口中（图❷）。

4 将烤盘送入烤箱烤 20~30 分钟或烤至表面和底部都金黄焦脆，出炉前可用小抹刀小心抬起面包的一角，确认底部的烘焙程度，若底部上色不够或不够焦脆，就再烤 1~2 分钟。

5 从烤盘中取出烤好的面包，用小抹刀确认面包底部是否粘在烤盘上，可淋少许特级初榨橄榄油在粘连处。

6 趁热在面包表面涂抹特级初榨橄榄油，再撒上迷迭香叶、蒜末、干辣椒末和盐，最后用叉子蘸些蜂蜜淋在面包上即可（图❸）。

拖鞋面包比萨

约 15 cm 长的拖鞋面包 2 个

拖鞋面包和佛卡夏都是意大利具有代表性的面包，其特色是内部有大气孔。正宗的拖鞋面包面团湿黏、含水量高，为了保留面团中珍贵的气泡，在发酵整形过程中要像抚摸婴儿的皮肤那般温柔。

原料

面团

- 纽约西西里比萨面团（第 016 页）……1/2 份（约 450 g）

酱料

- 经典热调番茄酱或芝加哥特制番茄酱……8 大匙

馅料

- 蒜油（第 057 页）……3 大匙
- 卤牛腱肉，切片……24 片
- 三星葱丝……2 量杯
- 马苏里拉奶酪丝……240 g

做法

预热整形

1 将烘焙石板或空烤盘放入烤箱，将烤箱预热至 220℃后再加热 15 分钟，让烘焙石板或空烤盘继续升温。

2 在工作台上撒些面粉，将面团均分成 2 份（稍微整一整形，整成拖鞋状），放在另一个烤盘中静置约 15 分钟。

烘焙 1

3 将烤盘送入烤箱烤约 20 分钟或烤至表面和底部金黄焦脆，静置冷却半小时左右。

4 冷却后将两个面包分别横向切成两半摆放在烤盘中，再送回烤箱烤约 2 分钟让表面变酥脆。

组装

5 取一块切好的面包，淋上蒜油，抹 2 大匙番茄酱，放 6 片牛腱肉，然后放上三星葱丝，再次淋蒜油，最后铺满马苏里拉奶酪丝。其他 3 块面包也这样操作。

烘焙 2

6 将做好的面包摆放在烤盘中，送入烤箱烤至奶酪熔化冒泡即可。

皮塔饼

香蒜结

皮塔饼 约 15 cm 长的皮塔饼 4 个

皮塔饼是中东地区常见的扁面包，制作皮塔饼的原料和制作比萨的原料一样简单，烘焙时间也短，烘焙 5~10 分钟让面包鼓起即可，无须完全上色，切开后可以在中空部分放入各种馅料。

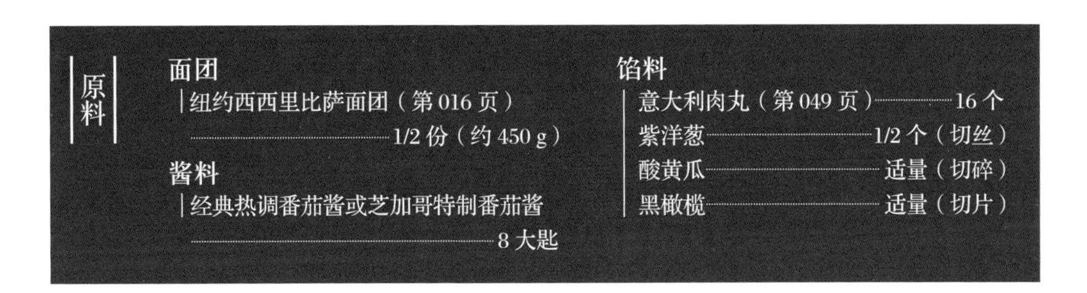

原料

面团

纽约西西里比萨面团（第 016 页）……1/2 份（约 450 g）

酱料

经典热调番茄酱或芝加哥特制番茄酱……8 大匙

馅料

意大利肉丸（第 049 页）……16 个

紫洋葱……1/2 个（切丝）

酸黄瓜……适量（切碎）

黑橄榄……适量（切片）

做法

预热整形

1. 将烘焙石板或空烤盘放入烤箱，将烤箱预热至 220℃后再加热 15 分钟，让烘焙石板或空烤盘继续升温。
2. 在工作台上撒些面粉，将面团均分成 4 份，全部搓成橄榄状，放在另一个烤盘中盖上湿毛巾静置约 15 分钟。
3. 将面团全部擀成长约 15 cm、宽约 8 cm 的椭圆形，再放回烤盘静置约 15 分钟。

烘焙

4. 将烤盘送入烤箱烤 5~10 分钟或烤至面饼膨胀，但不要烤上色。

组装

5. 待皮塔面饼放凉后即可准备加馅，也可以放入保鲜盒或密封袋中冷冻保存。
6. 分别加热肉丸和番茄酱，或将肉丸与番茄酱都倒入锅中用中小火煮，煮的过程中，若太干可酌情加些热水。
7. 皮塔面饼先对半切开，然后在每个面饼中各塞入适量洋葱丝，再放入 2 个肉丸、1 大匙番茄酱，最后撒适量酸黄瓜碎和黑橄榄片。

培根棒 8根

细长香脆的面包棒蘸特级初榨橄榄油和巴萨米克醋，曾经是意大利餐厅非常流行的吃法。培根和面饼交缠，烘焙后刷上蜂蜜食用，也别有一番风味。

原料

面团

纽约西西里比萨面团（第016页）……360 g

馅料

培根……8片

（约360 g，厚度正常的或较薄的）

蜂蜜……2大匙

现刨帕尔马奶酪屑……2大匙

做法

预热

1 将烘焙石板或空烤盘放入烤箱，将烤箱预热至220℃后再加热15分钟，让烘焙石板或空烤盘继续升温。

整形和组装1

2 在工作台上撒些面粉，将面团均分成2份，用擀面杖分别擀成厚约0.3 cm的长方形面饼，其中长边比培根长度稍长即可，将面饼移至烘焙纸上静置约15分钟。

3 将面饼移至工作台上，让长边与自己平行，如图❶，将4片培根放在一个面饼上，并与面饼的长边平行，用比萨刀将面饼切成4条宽度比培根稍宽的长条。按同样的方法对另一个面饼进行切割。

4 两手手指轻轻拿起叠放在一起的培根与面饼，并朝相反的方向扭转两端（图❷）。

5 将培根棒摆放在另一个烤盘中，并将两端未放培根的面饼压在烤盘上（图❸），避免培根棒在烘焙过程中变形。

烘焙

6 将烤盘放入烤箱烤约15分钟或烤至培根棒焦黄香脆（烘焙过程中可翻面，帮助均匀上色），用厨房纸吸掉多余的油。

组装2

7 切除两端没有培根的面饼，刷上蜂蜜并撒上现刨帕尔马奶酪屑即可。

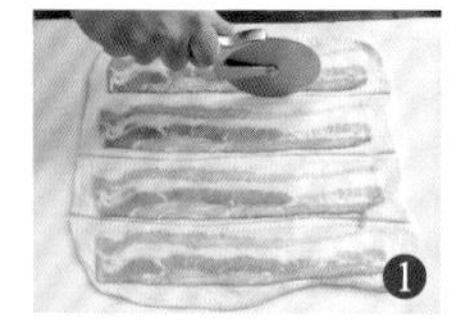
❶

❷

❸

香蒜结 3 cm × 7.5 cm，约 16 根

将比萨面团擀薄，简单做一些造型，烘焙后趁热涂抹熔化的黄油，再裹上切碎的辛香料、芳香植物与奶酪屑，当开胃小点或零食再合适不过了。

原料

面团

| 纽约西西里比萨面团（第 016 页）…… 360 g

馅料

| 无盐黄油…… 2 大匙（30 g）

蒜末…… 2 小匙

切碎的新鲜欧芹叶…… 2 小匙

现刨帕尔马奶酪屑…… 2 小匙

盐…… 适量

干辣椒碎…… 适量

做法

预热整形

1 将烘焙石板或空烤盘放入烤箱，将烤箱预热至250℃（或至烤箱能达到的最高温度）后再加热 15 分钟，让烘焙石板或空烤盘继续升温。

2 在工作台上撒些面粉，将面团擀成长 24 cm、宽 15 cm、厚约 0.3 cm 的长方形，放到烘焙纸上静置约 15 分钟。

3 将面饼移至工作台上，用比萨刀切出 16 个宽约 3 cm、长约 7.5 cm 的小长方形。

4 用小刀在每个小长方形的中心处划一道约 3 cm 的开口（图❶），再将长方形的两端分别穿过开口（图❷和图❸）。

烘焙

5 将面结摆放在烤盘中（图❹），放入烤箱烤约 8 分钟或烤至面结焦黄香脆。

组装

6 将黄油加热至熔化，涂抹在烤好的面结上，然后将面结放入干净的保鲜袋中，再加入蒜末、欧芹叶末、帕尔马奶酪屑、盐和干辣椒碎，系紧袋口轻轻摇晃几下（图❺），让面结均匀裹上调料。

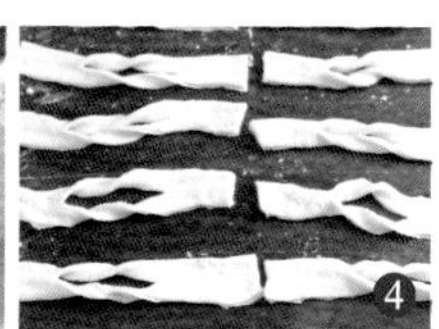